btb

Buch

»Längengrad« erzählt die Geschichte des unbekannten schottischen Uhrmachers John Harrison, dem es im 18. Jahrhundert gelang, die Schiffahrt durch die Lösung des Längengrad-Problems auf neuen Kurs zu bringen. Selbst die größten Kapitäne des 17. und 18. Jahrhunderts, wie Vasco da Gama oder Francis Drake, machten ihre Entdeckungen eher zufällig. Tausende von Seeleuten verloren ihr Leben und das Schicksal ganzer seefahrender Nationen war bedroht, weil man trotz bester Karten und Kompasse quasi orientierungslos nur nach dem Breitengrad segelte, sobald kein Land mehr in Sichtweite war. Im Jahre 1714 setzte das englische Parlament eine Belohnung von 20000 Pfund (auf heutige Verhältnisse umgerechnet mehrere Millionen DM) für denjenigen aus, der eine Lösung dieses gravierenden nautischen Problems vorlegte. Zahllose Wissenschaftler und Scharlatane versuchten sich daran; darunter große Gelehrte wie Galilei und Newton. Im Gegensatz zu ihnen suchte Harrison die Antwort nicht in den Sternen, sondern im Bau eines exakten Chronometers. Nach vierzig Jahren intensiver Arbeit erhielt er endlich den wohlverdienten Preis für sein Lebenswerk zugesprochen. Seine Uhr wurde in der Folge zum »zuverlässigen Freund« und »nie versagenden Führer« aller Seeleute (James Cook).

Autorin

Dava Sobel schreibt als Wissenschaftsjournalistin u. a. für die »New York Times« und das Magazin »Life«. Sie wurde bereits mit mehreren Preisen für ihre Arbeit ausgezeichnet. »Längengrad« stand monatelang auf den amerikanischen Bestsellerlisten. Dava Sobel lebt in East Hampton, New York.

Dava Sobel bei btb

Galileos Tochter. (72296)

Dava Sobel

Längengrad

Die wahre Geschichte eines einsamen Genies, welches das größte wissenschaftliche Problem seiner Zeit löste

Aus dem Amerikanischen von Mathias Fienbork

btb

Die Originalausgabe erschien 1995 unter dem Titel
»Longitude« bei Walker Publishing Company, Inc.

Umwelthinweis:
Alle bedruckten Materialien dieses Taschenbuches
sind chlorfrei und umweltschonend.

btb Taschenbücher erscheinen im Goldmann Verlag,
einem Unternehmen der Verlagsgruppe Random House GmbH.

Einmalige Sonderausgabe Oktober 2001

Umschlaggestaltung: Design Team München
Umschlagillustration: Rothfos und Gabler
AL · Herstellung: Augustin Wiesbeck
Made in Germany
ISBN 3-442-72882-7
www.btb-verlag.de

Für meine Mutter,

Betty Gruber Sobel,

eine Vier-Sterne-Seglerin,

die nach dem Himmel navigieren kann,

aber immer via Canarsie fährt

Inhalt

1

Imaginäre Linien

Wenn ich in spielerischer Laune bin,
mache ich mir aus den Längen- und Breitengraden ein Netz
und fange damit im Atlantischen Ozean Wale.

Mark Twain,
Leben auf dem Mississippi

Als ich ein kleines Mädchen war, schenkte mir mein Vater auf einem unserer Mittwochsausflüge eine perlenbesetzte Drahtkugel, die mir sehr gefiel. Mit einer Handbewegung konnte ich sie zu einer flachen Spirale zusammenklappen und sie dann wieder in eine hohle Kugel verwandeln. In seiner Form ähnelte mein Spielzeug einer winzigen Erdkugel, denn die beweglichen Drähte bildeten das gleiche Gittermuster, das ich auf dem Schulglobus mit seinen dünnen schwarzen Linien, den Längen- und Breitengraden, gesehen hatte. Die bunten Perlen liefen auf den Drähten hin und her wie Schiffe auf hoher See.

Mein Vater trug mich auf den Schultern die Fifth Avenue entlang zum Rockefeller Center, und vor der Statue des Atlas blieben wir stehen und betrachteten die Figur, die den Erdball auf ihren Schultern trug.

Die Bronzekugel, die Atlas hochhielt, war, wie das Drahtspielzeug in meiner Hand, ein durchsichtiger, von imaginären Linien umrissener Kosmos. Der Äquator. Die Sonnenbahn. Der Wendekreis des Krebses. Der Wendekreis des Steinbocks. Der Polarkreis. Der Nullmeridian. Schon damals sah ich in dem netzartigen Gitter, das den Globus überzog, ein machtvolles Symbol für alle Kontinente und Gewässer des Planeten.

Heute sind die Längen- und Breitengrade eine noch größere Autorität, als ich es mir vor rund vierzig Jahren hätte vorstellen können, denn sie bleiben unverändert, während die Welt unter ihnen ihr Antlitz verändert – mit Kontinenten, die auf den sich weitenden Meeren dahintreiben, und Staatsgrenzen, die durch Krieg oder Frieden immer wieder neu gezogen werden.

Den Unterschied zwischen geographischer Länge und

Breite prägte ich mir als Kind mit einer Eselsbrücke ein. Die Breitengrade, die *Parallelkreise*, vom Äquator zu den Polen in immer kleiner werdenden, konzentrischen Ringen angeordnet, liegen wirklich parallel zueinander. Die Meridiane der Länge sind anders ausgerichtet. Sie laufen vom Nordpol zum Südpol und wieder zurück in großen Kreisen gleichen Umfangs, die an den Polen konvergieren.

Schon im Altertum, spätestens seit dem dritten Jahrhundert vor Christi Geburt, gab es Darstellungen der Welt, auf denen Linien der Breite und der Länge eingezeichnet waren. Um 150 n. Chr. hatte der Kartograph und Astronom Ptolemäus diese Linien auf den siebenundzwanzig Blättern seines ersten Weltatlasses eingetragen. In seinem bahnbrechenden Kartenwerk waren außerdem in einem Index alle bekannten Orte aufgeführt, in alphabetischer Reihenfolge mit der jeweiligen Angabe von geographischer Länge und Breite – so gut er es eben nach Berichten von Seefahrern schätzen konnte. Ptolemäus selbst hatte nur einen theoretischen Begriff von der weiten Welt. Zu seiner Zeit glaubte man, daß in der furchtbaren Hitze am Äquator alles Leben absterben müßte.

Der Äquator war für Ptolemäus der Null-Breitengrad. Diese Entscheidung traf er nicht willkürlich, sondern unter Berufung auf seine Vorläufer, die den Äquator bei der Beobachtung der Himmelskörper und ihrer Bewegungen aus der Natur abgeleitet hatten. Sonne, Mond und Planeten stehen am Äquator fast senkrecht über dem Betrachter. Auch der Wendekreis des Krebses und der Wendekreis des Steinbocks, zwei andere berühmte Breitengrade, werden von der Sonne bestimmt. Sie bezeichnen die nördliche und südliche Grenze der scheinbaren Sonnenbahn innerhalb eines Jahres.

In bezug auf den Urmeridian, den Null-Längengrad, hatte Ptolemäus dagegen freie Hand. Er legte ihn durch die Inseln der Glückseligen (die Kanarischen Inseln beziehungsweise Madeira), vor der Nordwestküste Afrikas. Spätere Kartographen verschoben den Nullmeridian auf die Azoren und die Kapverdischen Inseln, oder sie legten ihn durch Rom, Kopenhagen, Jerusalem, St. Petersburg, Pisa, Paris und Philadelphia, bevor er endgültig auf London ausgerichtet wurde. Da sich die Welt um die eigene Achse dreht, ist irgendeine von Pol zu Pol gezogene Linie als Bezugslinie so gut wie jede andere. Die Festlegung des Nullmeridians war eine rein politische Entscheidung.

Darin besteht auch der wahre, der wesentliche Unterschied zwischen Länge und Breite – neben dem oberflächlichen der Richtung, den jedes Kind sehen kann. Der Null-Breitengrad wird von den Naturgesetzen definiert, während sich der Null-Längengrad verschiebt wie der Sand der Zeit. Aufgrund dieses Unterschieds ist die Bestimmung der Breite kinderleicht, während die Bestimmung der Länge, zumal auf See, ein ausgesprochenes Problem ist – eines, das die klügsten Köpfe der Welt über viele Jahrhunderte der Menschheitsgeschichte vor ein Rätsel gestellt hat.

Jeder fähige Seemann kann die geographische Breite anhand der Tageszeit, des Sonnenstandes oder durch Ermittlung der Höhe bekannter Sterne über dem Horizont ziemlich genau bestimmen. Christoph Kolumbus fuhr 1492 in einer geraden Linie über den Atlantik, immer den Breitengrad entlang, und mit seiner Methode hätte er es fraglos bis nach Indien geschafft, wenn ihm Amerika nicht dazwischengekommen wäre.

Die Bestimmung der Längengrade dagegen beruht auf einer Zeitmessung. Um auf See die geographische Länge zu ermitteln, muß man die Uhrzeit an Bord des Schiffes und zugleich die im Heimathafen oder an einem anderen Ort von bekannter Länge kennen. Den Zeitunterschied kann der Navigator in den geographischen Abstand übersetzen. Da die Erde für eine vollständige Drehung von 360 Grad vierundzwanzig

Stunden benötigt, legt sie in einer Stunde ein Vierundzwanzigstel einer Umdrehung beziehungsweise fünfzehn Grad zurück. Ein Zeitunterschied von einer Stunde zwischen Schiff und Ausgangspunkt entspricht also einer Entfernung von fünfzehn Grad östlicher oder westlicher Länge. Wenn der Navigator auf hoher See mittags, sobald die Sonne den höchsten Punkt am Himmel erreicht hat, den Schiffschronometer auf zwölf Uhr Ortszeit stellt und mit der Heimathafenuhr vergleicht, ergeben sich aus jeder Stunde Differenz fünfzehn Grad Länge.

Dieselben fünfzehn Grad Länge entsprechen auch einer zurückgelegten Entfernung. Auf dem Äquator, wo der Erddurchmesser am größten ist, sind fünfzehn Grad etwa tausend Meilen. Nördlich oder südlich dieser Linie indessen nimmt der Meilenwert eines jeden Grades ab. Ein Grad geographischer Länge entspricht überall auf der Welt vier Minuten, aber in Entfernung ausgedrückt, schrumpft ein Grad von achtundsechzig Meilen am Äquator auf annähernd Null an den beiden Polen.

Die genaue Kenntnis der Uhrzeit an zwei verschiedenen Orten zugleich – eine Voraussetzung für die Längenbestimmung, die heutzutage schon mit zwei billigen Armbanduhren eine unproblematische Sache ist –

war bis weit in die Epoche der Pendeluhren hinein völlig ausgeschlossen. An Bord eines schlingernden Schiffes gingen solche Uhren gewöhnlich schneller oder langsamer oder blieben überhaupt stehen. Temperaturunterschiede, die bei Reisen von einem kalten Land in eine tropische Zone normalerweise auftraten, ließen das Schmieröl einer Uhr dünner oder dicker werden und bewirkten, daß sich die metallischen Bestandteile ausdehnten oder zusammenzogen – mit ebenso katastrophalen Folgen. Steigender oder fallender Luftdruck oder die geringfügigen Abweichungen der Erdschwerkraft von einem Breitengrad zum anderen konnten ebenfalls dazu führen, daß eine Uhr schneller oder langsamer ging.

Mangels einer brauchbaren Methode zur Bestimmung der Länge waren im Zeitalter der Entdeckungen selbst die größten Kapitäne auf hoher See orientierungslos, auch wenn ihnen beste Karten und Kompasse zur Verfügung standen. Von Vasco da Gama bis Vasco Núñez de Balboa, von Ferdinand Magellan bis Sir Francis Drake – sie alle gelangten mehr oder weniger zufällig zu den Orten, die sie erreichten, durch Kräfte, die man glücklicher Fügung oder der Gnade Gottes zuschrieb.

Als sich immer mehr Seefahrer aufmachten, neue

Territorien zu erobern oder zu erforschen oder Gold und Handelswaren zwischen fremden Ländern hin- und herzutragen, schwamm der Reichtum ganzer Nationen auf den Ozeanen. Doch noch immer gab es keine zuverlässige Methode, die Position eines Schiffes auf See genau zu bestimmen. Zahllose Seeleute mußten daher sterben, wenn aus dem Meer vor ihnen urplötzlich Land auftauchte. Am 22. Oktober 1707 kam es zu einer solchen Katastrophe, als vier heimkehrende britische Kriegsschiffe vor den Scilly-Inseln auf Grund liefen und fast zweitausend Mann ihr Leben verloren.

Die fieberhafte Suche nach einer Lösung für das Problem der Längengradbestimmung dauerte vier Jahrhunderte und erfaßte ganz Europa. In der Geschichte des Längengrads spielten denn auch die meisten gekrönten Häupter eine Rolle, vor allem aber Georg III. von England und Ludwig XIV. von Frankreich. Seefahrer wie Kapitän William Bligh von der *Bounty* und der große Weltumsegler Kapitän James Cook, der drei lange Entdeckungs- und Forschungreisen unternahm, ehe er auf Hawaii eines gewaltsamen Todes starb, prüften die erfolgversprechenderen Verfahren an Bord ihrer Schiffe auf Genauigkeit und Brauchbarkeit.

Berühmte Astronomen suchten nach Wegen, das Längengradproblem mit den Mitteln des Uhrwerk-Universums zu lösen. Galileo Galilei, Jean Dominique Cassini, Christiaan Huygens, Sir Isaac Newton und Edmond Halley mit seinem kometenhaften Ruhm – sie alle wandten sich an Mond und Sterne um Hilfe. In Paris, London und Berlin wurden königliche Sternwarten eigens zu dem Zweck errichtet, das Längengradproblem zu lösen. Weniger talentierte Geister ersannen Verfahren, die auf dem Gebell verletzter Hunde beruhten oder auf Feuerschiffen, die, an strategischen Punkten plaziert, irgendwie auf dem offenen Meer verankert werden und regelmäßig Böllerschüsse abgeben sollten.

Bei ihren Bemühungen um den Längengrad stießen Naturwissenschaftler auf andere Entdeckungen, die ihre Sicht des Universums veränderten. Dazu gehören die erste genaue Berechnung des Gewichts der Erde, der Entfernung der Gestirne und auch die der Lichtgeschwindigkeit.

Die Zeit verging, keine Methode brachte den Durchbruch, und so nahm die Suche nach einer Lösung des Längengradproblems legendäre Ausmaße an, vergleichbar der Suche nach dem Jungbrunnen, dem Geheimnis des Perpetuum mobile oder der Formel für die Verwandlung von Blei in Gold. Die Regierungen großer Seefahrernationen – Spaniens, der Niederlande und einiger italienischer Stadtstaaten – stachelten regelmäßig die Leidenschaft der Forscher an, indem sie Belohnungen für eine nutzbare Methode aussetzten. Den höchsten Preis, ein wahrhaft fürstliches Entgelt, schrieb das britische Parlament in seinem berühmten Longitude Act von 1714 für eine »praktikable und nützliche Methode« zur Bestimmung der geographischen Länge aus – nach heutigen Begriffen mehrere Millionen Dollar.

Der englische Uhrmacher John Harrison, ein genialer Mechaniker, ein Pionier auf dem Gebiet tragbarer Präzisionszeitmesser, widmete dieser Suche sein Leben. Ihm gelang, was Newton für unmöglich gehalten hatte. Er erfand einen Chronometer, der die Zeit des Heimathafens wie eine ewige Flamme in den entferntesten Winkel des Globus trug.

Harrison, ein Mann von einfachem Stand und hoher Intelligenz, kreuzte mit den führenden Köpfen seiner Zeit die Klinge. Zum Feind machte er sich dabei vor allem Nevil Maskelyne, den fünften Königlichen Astronomen, der Harrisons Anspruch auf das begehrte Preisgeld anfocht und dabei zu Methoden griff, die nur als höchst unfein bezeichnet werden können.

Obwohl Harrison Autodidakt war und keine Uhrmacherlehre absolviert hatte, konstruierte er eine Serie nahezu reibungsfreier Uhren, die weder geschmiert noch gereinigt werden mußten, die aus rostunempfindlichem Material bestanden und trotz aller Bewegungen und Erschütterungen, denen sie auf See ausgesetzt waren, außerordentlich genau gingen. Er verzichtete auf das Pendel und verwendete in seinen Konstruktionen Metalle mit unterschiedlicher Ausdehnung, die Temperaturschwankungen kompensierten und so ein konstant laufendes Uhrwerk ermöglichten.

Doch die wissenschaftliche Elite mißtraute Harrisons Zauberkasten und erkannte seine Leistungen nicht an. Die Kommission, die den Längengradpreis zu vergeben hatte – ihr gehörte auch Nevil Maskelyne an –, änderte immer wieder die Wettbewerbsbedingungen, um Astronomen einen Vorteil gegenüber Leuten wie Harrison und ähnlichen »Mechanikern« zu verschaffen. Doch am Ende triumphierte die Nützlichkeit und Präzision von Harrisons Lösung. Seine Nachfolger arbeiteten an einer Vereinfachung seiner komplizierten Erfindung, was die Voraussetzung dafür war, daß sie massenhaft produziert und eingesetzt werden konnte.

Alt und müde geworden, von König George III.

protegiert, bekam Harrison im Jahre 1773 schließlich den ihm zustehenden Preis – nach vier Jahrzehnten politischer Intrigen, Fehden, akademischer Verleumdungen, wissenschaftlicher Revolutionen und ökonomischer Umwälzungen.

All diese Fäden, und noch viele andere, sind mit den Linien der Längengrade verknüpft. Sie jetzt wieder aufzulösen, ihrer Geschichte nachzugehen – in einem Zeitalter, da die Position eines Schiffes von stationären Satelliten innerhalb weniger Sekunden auf den Meter genau angegeben werden kann – heißt, den Globus mit neuen Augen zu betrachten.

2

Das Meer vor der Zeit

Die mit Schiffen auf dem Meere fuhren
und trieben ihren Handel auf großen Wassern,
die des HERRN Werke erfahren haben
und seine Wunder auf dem Meer.

Psalm 107

Sauwetter«, so bezeichnete Admiral Sir Clowdisley Shovell den Nebel, der ihm zwölf Tage lang auf See zusetzte. Nach siegreichen Gefechten mit der französischen Mittelmeerflotte war er von Gibraltar aus zur Heimreise aufgebrochen, aber die schweren Herbstnebel waren nicht so leicht zu schlagen. Voller Sorge, seine Schiffe könnten auf Felsenriffe laufen, befahl der Admiral all seinen Navigationsoffizieren, die Köpfe zusammenzustecken.

Nach übereinstimmender Meinung befand sich die Flotte vor der Bretagne, in sicherem Abstand westlich der Ile d'Ouessant. Also hielt man weiter nördlichen Kurs, doch dann stellten die Seeleute zu ihrem Schrecken fest, daß sie ihre Position in bezug auf die Scilly-Inseln falsch berechnet hatten. Diese Inselgruppe, etwa zwanzig Meilen vor der Südwestspitze Englands, führt wie ein steinerner Pfad auf Land's End zu. Und in der nebligen Nacht des 22. Oktober 1707 wurden die Scillys zum namenlosen Grab für zweitausend von Admiral Shovells Marinesoldaten.

Zuerst traf es das Flaggschiff. Die *Association* ging mit Mann und Maus innerhalb weniger Minuten unter. Ehe die anderen Schiffe auf die offensichtliche Gefahr reagieren konnten, liefen die *Eagle* und die *Romney* auf Felsenriffe und sanken ebenfalls wie Steine. Vier von insgesamt fünf Kriegsschiffen gingen verloren.

Nur zwei Männer wurden an Land gespült – einer davon war Sir Clowdisley selbst, der, während er von den Wellen ans Ufer getragen wurde, noch einmal blitzartig die siebenundfünfzig Jahre seines Lebens vor sich ablaufen gesehen haben mag. Bestimmt aber dachte er an den Verlauf der vorangegangenen vierundzwanzig Stunden, in denen er die folgenschwerste

Fehlentscheidung seiner Offizierslaufbahn getroffen hatte. Ein Matrose der *Association*, der während der gesamten Schlechtwetterperiode fortlaufend eigene Positionsbestimmungen vorgenommen zu haben behauptete, war an ihn herangetreten. Derartige Eigenmächtigkeiten waren in der Royal Navy strengstens verboten, was der unbekannte Seemann sehr wohl wußte. Doch nach all seinen Berechnungen erschien ihm die Gefahr so groß, daß er Kopf und Kragen riskierte, um die Offiziere von seiner Sorge in Kenntnis zu setzen. Der Admiral ließ den Mann auf der Stelle wegen Meuterei aufknüpfen.

Niemand war da, der dem halbertrunkenen Sir Clowdisley ein »Ich hab's Euch ja gesagt!« hätte entgegenschleudern können. Doch kaum war der Admiral auf trockenem Sand zusammengebrochen, tauchte den Berichten nach eine Strandräuberin auf, die sich in den Smaragdring an seinem Finger verliebte. Um sich in den Besitz dieses Rings zu bringen, beschloß sie, den Entkräfteten einfach zu töten. Drei Jahrzehnte später beichtete sie auf dem Sterbebett einem Geistlichen ihr Verbrechen und gab ihm den Ring als Beweis für ihre Schuld und Reue.

Das dramatische Ende von Admiral Clowdisley Shovells Flotte war der Höhepunkt in der langen

Unglückssaga der Schiffahrt jener Zeit, als Seeleute noch nicht imstande waren, die geographische Länge zu bestimmen. Seite für Seite berichtet diese elende Geschichte von Schrecken und Qual, von Tod durch Skorbut und Verdursten, von Gespenstern in der Takelage, vom Scheitern an fremden Küsten, von Riffen, die Schiffswände durchbohrten, von den Leichen der Ertrunkenen an den Stränden. In buchstäblich Hunderten von Fällen sind Schiffe untergegangen, weil es auf See keine Methode der Längengradbestimmung gab.

Die Kapitäne des fünfzehnten, sechzehnten und siebzehnten Jahrhunderts, die eine Mischung aus Kühnheit und Habgier auf die Weltmeere hinauszog, bestimmten ihre geographische Länge mittels des »Gissens«. Dazu warf man eine Logge über Bord und beobachtete, wie schnell sich das Schiff von dieser Behelfsmarke entfernte. Der Kapitän notierte das Ergebnis dieser groben Geschwindigkeitsmessung, die Fahrtrichtung, die er mit Hilfe der Gestirne oder des Kompasses bestimmte, sowie die Dauer eines jeweiligen Kurses, die er mit einer Sanduhr oder Taschenuhr maß. Unter Berücksichtigung von Meeresströmungen, unbeständigen Winden und den unvermeidbaren Unsicherheiten der Geschwindigkeitsmessung ermittelte er schließlich seine Position. Natürlich verfehlte er in der Regel sein Ziel – vergeblich suchte er die Insel, wo er frisches Wasser zu finden hoffte, oder gar den Kontinent, den er erreichen wollte. Allzuoft stellte sich das »dead reckoning«, wie das Gissen auf Englisch hieß, in der Tat als tödlich heraus.

Da es keine Methode zur genauen Positionsbestimmung gab, dauerten lange Schiffsreisen noch länger, was wiederum den gefürchteten Skorbut begünstigte. Aufgrund der vitaminarmen Ernährung an Bord, ohne frisches Obst und Gemüse, kam es im Laufe der Zeit zu Mangelerscheinungen. Die Blutgefäße platzten, so daß die Männer aussahen, als hätten sie überall Blutergüsse, obwohl sie sich überhaupt nicht verletzt hatten. Tatsächliche Verletzungen heilten nicht. Die Beine schwollen an. In Muskeln und Gelenken traten plötzliche Blutungen auf. Das Zahnfleisch blutete, die Zähne fielen aus. Die Männer wurden kurzatmig, fühlten sich kraftlos, und wenn die Blutgefäße im Gehirn platzten, trat der Tod ein.

Die globale Unfähigkeit, den Längengrad zu bestimmen, führte aber nicht nur zu menschlichem Leid, sondern auch zu wirtschaftlichen Verlusten größten Ausmaßes. Seetüchtige Schiffe waren auf einige wenige Schiffahrtswege beschränkt, die eine sichere Passage versprachen. Da ausschließlich nach der geographischen Breite navigiert wurde, drängten sich Walfänger, Handelsschiffe, Kriegs- und Piratenschiffe auf den bekannteren Routen, wo die einen den anderen zum Opfer fielen. 1592 beispielsweise lag ein Geschwader von sechs englischen Kriegsschiffen vor den Azoren, um dort spanischen Handelsschiffen aufzulauern, die aus der Karibik zurückkehrten. Ins Netz ging ihnen auch die *Madre de Deus*, eine mächtige portugiesische Galeone, die aus Indien zurückkam. Trotz ihrer zweiunddreißig Kanonen verlor die *Madre de Deus* die kurze Schlacht und Portugal eine fürstliche Fracht. In den Laderäumen der Galeone lagen Kisten voller Gold- und Silbermünzen, Perlen, Diamanten, Bernstein, Moschus, Wandteppiche, Kattun und Ebenholz sowie mehr als vierhundert Tonnen Pfeffer, fünfundvierzig Tonnen Nelken, fünfunddreißig Tonnen Zimt und je drei Tonnen Muskatblüten und Muskatnüsse. Die *Madre de Deus* erwies sich als wahre Goldgrube – ihre Ladung im Wert von einer halben Million Pfund Sterling entsprach etwa der Hälfte des damaligen englischen Staatshaushalts.

Gegen Ende des siebzehnten Jahrhunderts verkehrten jährlich fast dreihundert Schiffe im Jamaika-Handel zwischen Großbritannien und den Westindischen Inseln. Da der Untergang eines einzigen Schiffes einen enormen Verlust darstellte, lag den Kaufleuten natürlich daran, das Unvermeidliche zu verhindern. Sie wollten geheime Seerouten entdecken, doch das bedeutete, ein Verfahren zur Längengradbestimmung zu finden.

Der beklagenswerte Stand der Navigation alarmierte auch Samuel Pepys, den berühmten englischen Tagebuchschreiber, der eine Zeitlang in den Diensten der Royal Navy stand. Pepys notierte 1683 auf einer Reise nach Tanger: »Angesichts der ungewissen Positionsbestimmungen und der absurden Theorien, die in diesem Zusammenhang aufgestellt werden, und des Durcheinanders, das unter den Leuten herrscht, ist völlig klar, daß sich nur durch göttliche Vorsehung, durch Zufall und aufgrund der Weite des Meeres nicht noch mehr Katastrophen in der Seefahrt ereignen als ohnehin schon.«

Geradezu prophetische Worte, wenn man an die Katastrophe vor den Scilly-Inseln denkt. Dieses Unglück, das sich 1707 in unmittelbarer Nähe der großen englischen Häfen ereignet hatte, lenkte das Augenmerk der ganzen Nation auf das Längengradproblem. Der plötzliche Verlust so vieler Menschenleben, von so vielen Schiffen und so viel Ehre – neben all den Katastrophen früherer Zeiten – machte deutlich, wie töricht es war, ohne eine Methode der Längengradbestimmung die Ozeane zu befahren. Der Tod von Admiral Shovells Männern – weitere zweitausend Märtyrer des Längengrads – beschleunigte die Verabschiedung des berühmten *Longitude Act* von 1714, in dem für eine Lösung des Längengradproblems eine Prämie von 20 000 Pfund Sterling ausgeschrieben wurde.

1736 ging ein unbekannter Uhrmacher namens John Harrison an Bord der H.M.S. *Centurion*, um mit einem erfolgversprechenden Instrument eine Erprobungsfahrt nach Lissabon zu unternehmen. Die Schiffsoffiziere sahen selbst, daß sie mit Harrisons Uhr bessere Navigationsergebnisse erzielten. Sie bedankten sich sogar bei Harrison, denn sein neumodischer Apparat hatte ihnen gezeigt, daß sie auf der Rückfahrt etwa sechzig Seemeilen vom Kurs abgekommen waren. Im September 1740 aber, als die *Centurion* unter Kommodore George Anson mit Kurs auf den Südpazifik in See stach, stand die Längengraduhr auf *terra firma* in London, in Harrisons Haus am Red Lion Square. Dort arbeitete der Erfinder, der schon eine zweite, verbesserte Version gebaut hatte, an einem dritten, weiter verfeinerten Modell. Diese Uhren waren aber noch nicht allgemein akzeptiert, und sie sollten erst fünfzig Jahre später breite Anwendung finden. Ansons Geschwader überquerte den Atlantik also nach der althergebrachten Methode - mit Breitengradbestimmung, dem Gissen und großer nautischer Erfahrung. Die Flotte erreichte Patagonien nach einer ungewöhnlich langen Überfahrt, doch dann kam es zu einer Tragödie, weil die Navigatoren nicht mehr wußten, auf welcher Länge sie sich befanden.

Am 7. März 1741 steuerte Anson die *Centurion*, deren Decks schon von Skorbutgestank erfüllt waren, durch die Le-Maire-Straße. Bei Kap Hoorn geriet er in einen Sturm aus West, der die Segel zerfetzte und das Schiff so heftig hin und her warf, daß Männer, die den Halt verloren, an Deck zerschmettert wurden. Der Sturm ließ von Zeit zu Zeit nach, um dann wieder mit voller Wucht loszuschlagen. Achtundfünfzig Tage lang wurde die *Centurion* gnadenlos gepeinigt. Die Winde brachten Regen, Graupelschauer und Schnee mit sich. Und jeden Tag starben bis zu zehn Mann der skorbutgeschwächten Besatzung.

Anson kreuzte gegen dieses Unwetter auf westlichem Kurs, mehr oder weniger parallel zum sechzigsten Breitengrad, bis er sich zweihundert Meilen westlich von Feuerland wähnte. Die anderen fünf Schiffe seines Geschwaders waren in dem Sturm von der

Centurion getrennt worden, einige waren für immer verloren.

In der ersten mondhellen Nacht, die er seit zwei Monaten erlebt hatte, erwartete Anson schließlich ruhigere See und nahm nördlichen Kurs auf das irdische Inselparadies namens Juan Fernandez. Dort würde er frisches Wasser für seine Männer finden, die Sterbenden trösten und den Überlebenden Mut zusprechen können. Bis dahin würden sie von Hoffnung leben müssen, denn bis zur Inseloase waren es noch mehrere Tage Fahrt auf der unendlichen Weite des Pazifik. Aber als der Dunst sich legte, sichtete Anson Land, genau voraus. Es war Kap Noir, am westlichen Rand von Feuerland. *Wie konnte das sein? Waren sie rückwärts gefahren?*

Die starken Strömungen hatten Anson getäuscht. Obwohl er die ganze Zeit geglaubt hatte, er segele westwärts, hatte er sich kaum von der Stelle bewegt. Also blieb ihm keine andere Wahl, als weitere lange Tage nach Westen zu kreuzen und dann erst nach Norden zu segeln, der rettenden Insel entgegen. Er wußte, daß ihm, wenn das nicht gelang und die Matrosen weiterhin in demselben Tempo wegstarben, nicht mehr genügend Leute für die Bemannung der Takelage zur Verfügung stehen würden.

Nach dem Schiffslogbuch befand sich die *Centurion* am 24. Mai 1741 auf der Höhe der Juan Fernandez-Inseln auf dem 35. Grad südlicher Breite. Anson mußte jetzt nur noch den Breitengrad entlangsegeln, um sein Ziel zu erreichen. Aber in welche Richtung? Lagen die Inseln östlich oder westlich von der *Centurion*? Es war reine Glückssache.

Anson entschied sich für einen westlichen Kurs. Nach vier weiteren, verzweifelten Tagen auf See wurde er jedoch unsicher und kehrte wieder um, segelte den 35. Breitengrad nun in entgegengesetzter Richtung entlang. Achtundvierzig Stunden später kam Land in Sicht! Aber es erwies sich als das unzugängliche Küstengebirge der spanischen Kolonie Chile. Eine niederschmetternde Erkenntnis. Anson mußte sich eingestehen, daß er vermutlich nur wenige Stunden von Juan Fernandez entfernt gewesen war, als er nach Osten umgedreht war, statt in westlicher Richtung weiterzusegeln. Wieder mußte er umkehren.

Am 9. Juni 1741 warf die *Centurion* schließlich auf der Reede vor Juan Fernandez Anker. Die zweiwöchige Irrfahrt auf der Suche nach den Inseln hatte Anson noch einmal achtzig Mann gekostet. Obwohl er ein fähiger Navigator war, der sein Schiff sicher durch die gefährlichsten Untiefen steuern konnte und seine

Mannschaft vor dem Ertrinken bewahrt hatte – gegen den Skorbut war er machtlos. Anson half mit, die kranken Seeleute in ihren Hängematten an Land zu tragen, und mußte dann hilflos mit ansehen, wie die Geißel seine Männer dahinraffte, einen nach dem anderen, bis von den ursprünglich fünfhundert Mann mehr als die Hälfte gestorben war.

3

Verirrt im kosmischen Uhrwerk

Eines Nachts träumte ich,
daß ich in meines Vaters Uhr eingeschlossen war,
Mit Ptolemäus und einundzwanzig rubinroten Sternen
Auf Sphären sitzend, und die Antriebsfeder
Spiralförmig und schimmernd bis ans Ende des Alls,
Und die vernuteten Sphären, ineinandergreifend
Bis zum letzten Zahn der Zeit,
und das Gehäuse auf immer verschlossen.

John Ciardi

My Father's Watch

Wie Admiral Shovell und Kommodore Anson bewiesen, verloren selbst die besten Seeleute die Orientierung, sobald kein Land mehr in Sicht war, denn das Meer lieferte ihnen keine brauchbaren Hinweise auf den Längengrad. Allerdings schien der Himmel Hilfe zu versprechen. Vielleicht ließ sich die Position eines Schiffes anhand der Stellung der Himmelskörper bestimmen. Der Sonnenuntergang macht aus Tag Nacht, die

Mondphasen zeigen den Monatsrhythmus an, und die Sonnenwende beziehungsweise Tag- und Nachtgleiche bezeichnet den Wechsel der Jahreszeiten. Die rotierende, kreisende Erde ist nur ein kleines Rädchen in einem großen Uhrwerk, und die Menschen haben seit urdenklichen Zeiten anhand der Bewegung der Erde die Zeit gemessen.

Als die Seeleute auf der Suche nach einer Navigationshilfe zum Himmel blickten, fanden sie dort eine Kombination aus Kompaß und Uhr. Die Sternbilder, allen voran der Kleine Wagen mit dem Polarstern am Deichselende, wiesen ihnen bei Nacht den Weg – vorausgesetzt natürlich, der Himmel war klar. Bei Tag zeigte die Sonne nicht nur die Richtung, sondern auch die Zeit an, wenn man ihre Bewegung verfolgte. Also beobachtete man, wie sich die Sonne im Osten orangefarben aus dem Meer erhob, dann, immer höher steigend, ein grelles Weiß annahm, bis sie zur Mittagszeit, auf dem Scheitelpunkt zwischen Auf- und Untergang, stehenblieb – wie ein hochgeworfener Ball kurz stillsteht, ehe er wieder herunterfällt. Das war das mittägliche Zeitsignal, nach dem an jedem klaren Tag die Sanduhren eingestellt wurden. Jetzt brauchten die Seeleute nur noch ein astronomisches Ereignis, das ihnen die Uhrzeit an einem anderen Ort verriet.

Wenn beispielsweise für Madrid um Mitternacht eine totale Mondfinsternis vorausberechnet war und Kapitäne auf dem Weg in die Karibik diese Finsternis um dreiundzwanzig Uhr Ortszeit beobachteten, dann war es bei ihnen eine Stunde früher, sie befanden sich also fünfzehn Grad westlich von Madrid.

Sonnen- und Mondfinsternisse gab es jedoch viel zu selten, als daß sie eine sinnvolle Navigationshilfe hätten sein können. Mit dieser Methode konnte man, günstige Verhältnisse vorausgesetzt, einmal im Jahr eine Längengradbestimmung vornehmen. Seeleute waren aber auf tägliche Himmelsereignisse angewiesen.

Bereits 1514 bemerkte der deutsche Astronom Johannes Werner, daß man die Mondbewegungen zur Positionsbestimmung nutzen konnte. Der Mond legt pro Stunde eine Entfernung zurück, die etwa seinem Durchmesser entspricht. Nachts scheint er in diesem gemächlichen Tempo durch die Fixsternfelder zu wandern. Tagsüber (und einen halben Monat lang ist der Mond tagsüber zu sehen) nähert er sich der Sonne oder entfernt sich von ihr.

Werner schlug vor, die Positionen derjenigen Sterne, die sich in der Nähe der Mondumlaufbahn befanden, auf einer Karte zu verzeichnen und zu errechnen, wann der Mond diese Sterne passierte – in jeder klaren Nacht, Monat für Monat, Jahr für Jahr. Auch die tagsüber beobachtbaren Entfernungen zwischen Sonne und Mond sollten verzeichnet werden. Astronomen könnten dann Tabellen der Mondbewegungen aufstellen, mit der Zeit verschiedener Sternbedeckungen an einem Ort (etwa Berlin oder Nürnberg), dessen Länge als Null-Grad-Bezugsmeridian dienen würde. Anhand solcher Informationen könnte man die Zeit einer bestimmten Sternbedeckung mit derjenigen Zeit vergleichen, in der derselbe Sternvorübergang über dem Bezugsort stattfinden sollte. Der Navigator würde dann die Länge ermitteln können, indem er den Stundenunterschied zwischen den beiden Orten errechnete und diese Zahl mit fünfzehn Grad multiplizierte.

Das Hauptproblem bei dieser »Methode der Monddistanzen« bestand darin, daß die Position der Sterne, auf der das ganze Verfahren beruhte, nicht genau bekannt war. Außerdem konnte kein Astronom exakt berechnen, wo der Mond eine Nacht oder einen Tag später sein würde, da die Gesetze der Mondbewegung noch nicht hinreichend bekannt waren. Und schließlich gab es keine präzisen Instrumente, die es erlaubt hätten, von einem schlingernden Schiff aus dem Winkelabstand zwischen Mond und Stern, also die »Monddistanz« zu bestimmen. Werners Idee war ihrer Zeit weit voraus. Die Suche nach einem anderen kosmischen Zeitzeichen ging weiter.

1610, fast einhundert Jahre nach Werners Vorschlag, glaubte Galileo Galilei, die langgesuchte Himmelsuhr entdeckt zu haben. Als einer der ersten, die ein Fernrohr zum Himmel richteten, sah er, auf seinem Balkon in Padua stehend, eine erstaunliche Vielfalt von Erscheinungen: Mondgebirge, Sonnenflecken, Venus-Phasen, einen Ring um den Saturn (den er fälschlicherweise für zwei Trabanten hielt) und vier Monde, die um den Jupiter kreisten. Galilei gab diesen Jupitermonden den Namen Mediceische Sterne. Nachdem er sich auf diese Weise der Gunst seines florentinischen Landesherrn, Cosimo de' Medici, versichert hatte, erkannte er, daß diese Monde nicht nur seiner eigenen Sache dienlich waren, sondern auch der Schiffahrt nützen konnten.

Obgleich Galilei kein Seemann war, wußte er doch von dem Längengradproblem – wie jeder Naturphilosoph seiner Zeit. Er ging nun geduldig daran, die Jupitermonde zu beobachten, ihre Umlaufbahnen zu berechnen und festzustellen, wie oft diese kleinen Trabanten hinter dem Schatten des Giganten in ihrer Mitte verschwanden. Aus dem Tanz seiner Planetenmonde entwickelte er eine Lösung des Längengradproblems. Verfinsterungen der Jupitermonde, erklärte Galilei, gab es tausendmal im Jahr – und zwar so vorhersagbar, daß man eine Uhr danach stellen konnte. Er berechnete die Trabantenbewegungen über mehrere Monate hinweg und träumte schon von Ruhm und Ehre, von dem Tag, an dem ganze Flottengeschwader sich mit Hilfe seiner Gestirnstabellen, der sogenannten Ephemeriden, orientieren würden.

Galilei unterbreitete seine Idee Philipp III. von Spanien, der 1598 dem »Entdecker des Längengrads« eine dicke Rente versprochen hatte. Seitdem allerdings war der Hof mit den wunderlichsten Erfindungen bombardiert worden, und er wies Galileis Vorschlag mit der Begründung zurück, daß die Trabanten des Jupiter an Bord eines Schiffes nur schwer zu beobachten und auch nicht oft genug zu sehen seien, um für navigatorische Zwecke geeignet zu sein. Tagsüber, wenn der Planet nicht am Himmel stand oder vom Sonnenlicht verdeckt wurde, waren die Zeiger der Jupiteruhr schließlich nicht zu sehen. Nächtliche Beobachtungen konnten nur für eine kurze Zeit des Jahres gemacht werden, und auch dann nur bei sternklarem Himmel.

Trotz dieser offensichtlichen Schwierigkeiten hatte

Galilei einen Navigationshelm zur Längengradbestimmung mittels der Jupitermonde konstruiert. Diesen Apparat (*celatone*) hat man mit einer metallenen Gasmaske verglichen, an deren einem Augenloch ein Fernrohr angebracht war. Durch das freie Augenloch konnte man mit bloßem Auge das stetige Licht des Jupiter am Himmel orten, während man mit dem kleinen Fernrohr die Planetenmonde beobachtete.

Galilei, der unermüdliche Forscher, begab sich sogar nach Livorno, um die Brauchbarkeit seiner Erfindung im dortigen Hafen zu demonstrieren. Einer seiner Schüler mußte den Apparat auf einer Seereise erproben. Aber die Methode setzte sich nie durch. Auch Galilei räumte immerhin ein, daß selbst an Land der Herzschlag des Beobachters den Jupiter manchmal aus dem Gesichtsfeld tanzen ließ.

Dennoch versuchte er, seine Methode bei der toskanischen Regierung sowie in den Niederlanden an den Mann zu bringen, wo weitere Prämien lockten. Das Geld bekam er nie, aber die Holländer schenkten ihm immerhin eine goldene Kette, weil er versucht hatte, das Längengradproblem zu lösen.

Galilei blieb für den Rest seines Lebens bei seinen Monden (heute zu Recht die Galileischen Monde genannt) und beobachtete sie unermüdlich, bis er sie, in hohem Alter erblindet, nicht mehr sehen konnte. Als er 1642 starb, lebte das Interesse an den Jupitertrabanten fort. Sein Verfahren zur Längenbestimmung wurde nach 1650 schließlich allgemein akzeptiert – wenngleich nur an Land. Kartographen und Landvermesser bedienten sich seiner Technik, um die Welt neu darzustellen. Und hier, auf dem Gebiet der Kartographie, errang die Fähigkeit der Längenbestimmung ihren ersten großen Triumph. Auf älteren Karten waren die Entfernungen zwischen den Kontinenten zu gering, einzelne Länder übertrieben groß dargestellt. Unter Zuhilfenahme der Himmelskörper konnten nun die Dimensionen der Erde korrekt wiedergegeben werden. Als Ludwig XIV. eine revidierte Landkarte von Frankreich vorgelegt wurde, die auf korrekten Längengradmessungen beruhte, soll er sich beklagt haben, daß er mehr Land an seine Astronomen verloren habe als an seine Feinde.

Angesichts des Erfolgs der Galileischen Methode forderten Kartographen, die Verfinsterungen der Jupitermonde noch präziser vorauszuberechnen. Je genauer diese Ereignisse berechnet wurden, desto genauer konnte kartographiert werden. Da es um die Vermessung von Königreichen ging, wurden zahllose Astronomen offiziell beauftragt, die Monde zu beobachten und noch präzisere Tabellen herzustellen. 1668 veröffentlichte Giovanni Domenico Cassini, Professor für Astronomie an der Universität Bologna, ein Tabellenwerk, das auf den bislang umfangreichsten und genauesten Beobachtungen beruhte. Seine vortrefflich gearbeiteten Ephemeriden verschafften ihm eine Einladung nach Paris an den Hof des Sonnenkönigs.

Ludwig XIV., obschon verärgert über die Verringerung seines Besitzes, hatte eine Schwäche für die Naturwissenschaften. 1666 wurde mit seiner Billigung die Académie Royale des Sciences gegründet, das Lieblingskind seines Ersten Ministers Jean Colbert. Auf Colberts Drängen und unter dem wachsenden Druck, eine Lösung für das Längengradproblem zu finden, wurde in Paris auch ein Observatorium errichtet. Colbert holte berühmte ausländische Wissenschaftler ins Land, die der Akademie der Wissenschaften Impulse verleihen und im Observatorium arbeiten sollten. Christiaan Huygens wurde als Gründungsmitglied der Akademie berufen und Cassini zum Direktor des Observatoriums ernannt. (Huygens kehrte später nach Holland zurück und reiste, im Zusammenhang mit seinen Arbeiten über das Längengradproblem, mehrmals nach England, während Cassini sich in Frankreich niederließ und 1673 die französische Staatsangehörigkeit annahm, so daß er heutzutage nicht nur als Giovanni Domenico Cassini, sondern ebensooft unter dem Namen Jean Dominique Cassini erwähnt wird.)

Als Direktor des neuen Observatoriums schickte Cassini Abgesandte nach Dänemark, zu den Ruinen von Uranienborg, der »Himmelsburg« Tycho Brahes, des größten Astronomen seiner Zeit. Cassini bestätigte durch Beobachtungen der Jupitermonde die Länge und Breite von Paris und Uranienborg. Polnische und deutsche Astronomen rief er auf, aber auch die Methode der Längenbestimmung durch die Beobachtung der Gestirne gemeinsam weiterzuentwickeln.

Der dänische Astronom Ole Römer, der sich in dieser wissenschaftlich erregenden Zeit am Pariser Observatorium aufhielt, machte 1676 eine aufschreckende Entdeckung: Die Verfinsterungen der vier Jupitersatelliten traten vor den berechneten Zeiten ein, wenn die Erde dem Jupiter am nächsten kam, und sie verzögerten sich um einige Minuten, wenn die Erde am weitesten vom Jupiter entfernt war. Römer erklärte das – ganz zu Recht – mit der Lichtgeschwindigkeit. Die Monde bewegten sich sicherlich mit der Regelmäßigkeit, die von den Astronomen festgestellt worden war, aber die Verzögerung, mit der diese Verfinsterungen auf der Erde beobachtet werden konnten, hing von der Entfernung ab, die das Licht der Jupitermonde durch das All zurücklegen mußte.

Bis dahin hatte man geglaubt, daß sich Licht unendlich schnell und nicht mit einer endlichen, von Menschen meßbaren Geschwindigkeit ausbreite. Römer erkannte jetzt, daß frühere Versuche, die Lichtgeschwindigkeit zu messen, an zu kurzen Entfernungen gescheitert waren. Galilei beispielsweise hatte sich vergeblich bemüht, zu messen, wie lange das Licht einer Laterne auf einem Hügel brauchte, um zum Beobachter auf einem anderen Hügel zu dringen. Ganz gleich, wie weit die beiden Beobachtungspunkte auseinander lagen, die Signalzeit und die Ankunftzeit blieben immer dieselben. Römer dagegen hatte, wenngleich unbeabsichtigt, das Licht eines Mondes beobachtet, der aus dem Schatten einer anderen Welt heraustrat. Bei diesen unvorstellbar großen interplanetarischen Entfernungen zeigten sich signifikante Unterschiede in der Ankunftszeit der Lichtsignale. Römer benutzte die Abweichungen von den vorhergesagten Verfinsterungszeiten, um 1676 zum ersten Mal die Lichtgeschwindigkeit zu messen. (Sein Ergebnis lag nur knapp unter dem heutzutage verbindlichen Wert von 300 000 Kilometern pro Sekunde.)

In England beschäftigte sich unterdessen eine königliche Kommission mit der Frage, ob sich der Längengrad auf See mit Hilfe des magnetischen Kompasses ermitteln ließe. Karl II., dem die größte Handelsflotte der Welt unterstand, war sich der Dringlichkeit des Längenproblems sehr bewußt, und er hoffte inständig, daß eine Lösung von englischem Boden ausgehen würde. Er muß sehr erfreut gewesen sein, als seine französische Mätresse, die junge Louise de Keroualle, ihm berichtete, einer ihrer Landsleute habe eine Methode zur Längengradbestimmung entdeckt und sei gerade in London eingetroffen, um Seine Majestät um eine Audienz zu ersuchen. Karl war bereit, den Mann anzuhören.

Der Sieur de St. Pierre hielt nicht viel von der Methode, den Längengrad mit Hilfe der Jupitermonde zu berechnen, obgleich sie in Paris der letzte Schrei waren. Er setzte vielmehr auf die Kraft des Erdenmondes. Er schlug vor, die Länge mit Hilfe der Position des Mondes und einiger ausgewählter Sterne zu bestimmen – so wie es Johannes Werner hundertsechzig Jahre zuvor angeregt hatte. Der König fand diese Idee faszinierend. Er wies seine Kommission an, in dieser Richtung zu forschen. Ihr gehörten unter anderem Robert Hooke an, ein Universalgelehrter, dem das Fernrohr ebenso vertraut war wie das Mikroskop, sowie Christopher Wren, der Architekt der St. Paul's-Kathedrale.

Die Kommission bat den siebenundzwanzigjährigen Astronomen John Flamsteed, ein Gutachten zu St. Pierres Theorie anzufertigen. Flamsteed bezeichnete die Methode als wissenschaftlich korrekt, aber außerordentlich unpraktisch. Obwohl dank Galilei im Laufe der Zeit einige brauchbare Beobachtungsinstrumente entwickelt worden waren, existierte noch immer kein guter Sternenatlas, und auch die Mondbahn war noch immer nicht genau bestimmt.

Flamsteed schlug mit jugendlicher Energie vor, diesem Mißstand durch die Errichtung einer entsprechend ausgestatteten königlichen Sternwarte abzuhelfen. Der Monarch war einverstanden und ernannte Flamsteed zu seinem ersten »Astronomischen Beobachter« – ein Titel, der später in »Königlicher Astronom« umgewandelt wurde. Aufgabe der Sternwarte in Greenwich sollte es sein, »mit der allergrößten Sorgfalt und Gewissenhaftigkeit die Tabellen der Bewegungen der Himmelskörper und die Stellungen der Fixsterne zu berichtigen, auf daß die so angestrebte Längengradbestimmung zur See ermöglicht und die Kunst der Navigation vervollkommnet würden.«

Flamsteed schrieb später, daß König Karl »seinen Schiffseignern und Seeleuten im Interesse einer größeren Sicherheit der Navigation all die Hilfsmittel, die der Himmel bot, zur Verfügung stellen wollte.«
So betrachtet, war die Astronomie für die Königliche Sternwarte von Greenwich ebenso wie für das Pariser Observatorium nur ein Mittel zum Zweck: All die verstreuten Sterne mußten katalogisiert werden, damit sie den Seeleuten ihren Kurs über die Meere dieser Welt weisen konnten.
Wie in der Gründungsurkunde vorgesehen, wurde die von Christopher Wren entworfene Sternwarte, nebst einem Haus für Flamsteed und seinen Assistenten, am höchsten Punkt des Parks von Greenwich errichtet. Die eigentlichen Bauarbeiten, die im Juli 1675 begannen und fast ein Jahr dauerten, standen unter der Aufsicht von Kommissionsmitglied Hooke.
Flamsteed bezog im darauffolgenden Mai seine Wohnung (in einem Gebäude, das heute noch immer Flamsteed House heißt) und trug genügend Instrumente zusammen, so daß er im Oktober seine Arbeit aufnehmen konnte. Über vier Jahrzehnte widmete er sich seiner Aufgabe. Der exzellente Sternenkatalog, den er zusammenstellte, wurde 1725 posthum veröffentlicht. Inzwischen hatte Sir Isaac Newton sein Gravitations-

gesetz aufgestellt, das dazu beitrug, die Verwirrungen über die Umlaufbahn des Mondes zu beseitigen. Dieser Fortschritt nährte den Traum, daß der Himmel eines Tages die Lösung des Längengradproblems offenbaren würde.

Fern den Beobachtungsposten der Astronomen beschritten Handwerker und Uhrmacher inzwischen einen anderen Weg zur Bestimmung des Längengrades. Sie träumten davon, daß der Kapitän, bequem in seiner Kabine sitzend, die Länge bestimmte, indem er seine Taschenuhr mit einer zuverlässigen Uhr verglich, die ihm die genaue Zeit im Heimathafen anzeigte.

4

Die Zeit in der Flasche

Da es keine mystische Kommunion der Uhren gibt, spielt es keine Rolle, wann diese Herbstbrise von der Sonne herabfuhr und Laub auf die Straßen warf wie eine Million Lemminge.

Ein Ereignis ist ein so kleines Stückchen Zeit-und-Raum, daß man es durch den Augenschlitz einer Katze schieben kann.

Diane Ackerman

Mystic Communion of Clocks

Die Zeit verhält sich zur Uhr wie das Denken zum Kopf. Die Uhr enthält gewissermaßen die Zeit. Und doch läßt sich die Zeit nicht wie ein Dschinn in eine Flasche sperren. Ob sie als Sand verrinnt oder sich als Räderwerk dreht, die Zeit vergeht unwiederbringlich vor unseren Augen. Selbst wenn das Stundenglas zerspringt, wenn in der Dunkelheit kein Licht mehr auf die Sonnenuhr fällt, wenn die Hauptfeder so weit abgelaufen ist, daß die Uhrzeiger stillstehen wie der Tod – die Zeit selbst geht weiter. Bestenfalls zeigt die Uhr dieses Fortschreiten an. Und da die Zeit nur ihre eigene Geschwindigkeit kennt, so wie der Herzschlag oder der Rhythmus der Gezeiten, enthalten Uhren die Zeit nicht. Sie halten nur Schritt mit ihr – wenn sie können.

Einige Wissenschaftler glaubten, daß sich das Längengradproblem mit einem guten Zeitmesser lösen ließe. Mit diesem Instrument könnten Seeleute die Zeit des Heimathafens mit sich tragen wie ein Faß Wasser oder gepökeltes Rindfleisch. Schon 1530 bezeichnete der flämische Astronom Gemma Frisius die mechanische Uhr als ein aussichtsreiches Instrument zur Längengradbestimmung auf See.

»Wir haben in unserer Zeit verschiedene kleine, hervorragend konstruierte Uhren gesehen, die wegen ihrer bescheidenen Abmessungen für Reisende kein Problem sind«, schrieb Frisius. Damit war wohl gemeint, daß sie nicht übermäßig schwer und für wohlhabende Reisende erschwinglich waren. Allerdings gingen sie nicht besonders genau. »Und mit ihrer Hilfe kann die Länge gefunden werden.« Die beiden Bedingungen, die Frisius nannte (die Uhr müsse bei der Abfahrt mit größter Genauigkeit auf die Ortszeit eingestellt werden und dürfe unterwegs keinesfalls stehenbleiben), machten aber deutlich, daß eine praktische Anwendung dieser Methode noch nicht in Frage kam. Die Uhren des frühen sechzehnten Jahrhunderts wurden diesen Anforderungen nicht gerecht. Sie gingen nicht genau, und besonders die Temperaturschwankungen auf See stellten ein großes Problem dar.

Im Jahre 1559 brachte William Cunningham das Thema der Längengradbestimmung durch Uhrenvergleich wieder zur Sprache – wobei unklar ist, ob er von Frisius' Idee wußte oder nicht. Er empfahl Uhren, »wie sie aus Flandern eingeführt werden«, oder »Uhren ohne große Gehäuse«, die in London überall erhältlich waren. In der Regel gingen diese Uhren aber pro Tag fünfzehn Minuten vor oder nach und boten daher bei weitem nicht die Genauigkeit, die für eine exakte Positionsbestimmung auf See nötig war. (Den Stundenunterschied mit fünfzehn Grad zu multiplizieren, ergibt nur eine grobe Ortsangabe; um Bogenminuten zu erhalten, muß man die gemessenen Zeitsekunden durch vier teilen.) Als der englische Navigator Thomas Blundeville im Jahre 1622 vorschlug, auf transozeanischen Fahrten die Länge mittels »einer genauen Horologie oder Uhr« zu bestimmen, hatte sich auf

dem Gebiet der Uhrentechnik noch immer nicht genug getan, um diese Hoffnung zu verwirklichen.
Die Mängel der bestehenden Uhren konnten indessen den Traum von den Einsatzmöglichkeiten einer vervollkommneten Uhr nicht ersticken.
Galilei, der als junger Medizinstudent entdeckte, wie man ein Pendel zur Pulsmessung verwenden konnte, entwickelte später einen Plan, die erste Pendeluhr zu bauen. Nach Vincenzo Viviani, dem späteren Schüler und ersten Biographen Galileis, beschäftigte sich der große Mann im Jahre 1637 mit der Idee, das Prinzip des Pendels auf »Uhren mit einem Räderwerk« zu übertragen, um dem Navigator zu helfen, den Längengrad zu bestimmen.
Auf die Idee mit dem Pendel soll Galilei, der Legende zufolge, durch ein mystisches Erlebnis gekommen sein. Fasziniert von den Schwingungen einer Öllampe, die am Deckengewölbe einer Kirche hing und vom Windzug bewegt wurde, beobachtete er den Küster, der den Docht anzündete und den Leuchter mit einem leichten Stoß wieder losließ. Diesmal war der Schwingungsausschlag größer. Galilei verglich die Schwingungen mit seinem Puls und erkannte, daß die Geschwindigkeit der Pendelbewegung von der Länge des Pendels bestimmt wurde.

Galilei hatte zwar immer vor, diese Beobachtung praktisch umzusetzen und eine Pendeluhr zu bauen, aber er kam nie dazu. Sein Sohn Vincenzio konstruierte ein Modell nach Galileis Entwürfen, und die Stadtväter von Florenz ließen später eine Turmuhr nach diesem Modell anfertigen. Die erste funktionstüchtige Pendeluhr baute jedoch der Naturwissenschaftler Christiaan Huygens, der Sohn eines begüterten holländischen Diplomaten.

Huygens, der auch ein begabter Astronom war, hatte geahnt, daß die von Galilei entdeckten »Monde« des Saturn in Wahrheit ein *Ring* waren, so unglaublich das seinerzeit auch erschien. Er entdeckte auch den größten Saturnmond, den er Titan nannte, und er bemerkte als erster Flecken auf dem Mars. Aber er hatte zu viele andere Interessen, als daß er die ganze Zeit vor dem Fernrohr gehockt hätte. Er soll sogar darüber gelästert haben, daß Cassini, sein Chef am Pariser Observatorium, jeden Tag mit sklavischer Gründlichkeit die Sterne beobachtete.

Huygens, der große Uhrenerfinder, schwor, unabhängig von Galilei auf die Idee einer Pendeluhr gekommen zu sein. Und tatsächlich läßt seine erste Pendeluhr, die er 1656 baute, ein größeres Verständnis für die Gesetze der Pendelbewegungen und das

Problem, sie konstant zu halten, erkennen. Zwei Jahre später veröffentlichte Huygens eine Abhandlung über seine Konstruktionsprinzipien, das *Horologium*, in der er seine Uhr als geeignetes Instrument zur Längenbestimmung auf See bezeichnete.

Bis 1660 baute er aufgrund dieser Prinzipien nicht nur eine, sondern gleich zwei Schiffsuhren, die er in den darauffolgenden Jahren verschiedenen Kapitänen zur gründlichen Erprobung mitgab. 1664 fuhren Huygens' Uhren bis zu den Kapverdischen Inseln vor der Westküste Afrikas und lieferten auf der Hin- und Rückfahrt gute Längenbestimmungen.

Im Jahre 1665 veröffentlichte Huygens, inzwischen ein anerkannter Fachmann auf diesem Gebiet, seine Anleitungen zum Gebrauch von Schiffsuhren, genannt die *Kort Onderwys* – die kurze Unterweisung. Auf späteren Reisen ließen seine Apparate allerdings eine gewisse Anfälligkeit erkennen. Sie funktionierten offenbar nur bei gutem Wetter. Sobald das Schiff in einen Sturm geriet, brachte das Stampfen, Schlingern und Schaukeln die Schwingungen des Pendels durcheinander.

Um dieses Problem auszuschalten, erfand Huygens die Spiralfeder, die er anstelle des Pendels als Regulierorgan verwendete. Seine Erfindung ließ er sich

1675 in Frankreich patentieren. Wiederum – wie bei der Pendeluhr – stand Huygens unter dem Druck, sich als Erfinder einer Neuerung auf dem Gebiet der Zeitmessung zu behaupten, denn wieder trat ein Konkurrent auf. Dieser hieß Robert Hooke und war ein hitzköpfiger und eigensinniger Mann.

Hooke hatte sich schon auf verschiedenen wissenschaftlichen Gebieten einen Namen gemacht. Als Biologe hatte er die mikroskopisch kleinen Strukturen von Insektenteilen, Vogelfedern und Fischgräten untersucht und für die winzigen Kammern, die er in lebenden Organismen fand, den Begriff »Zelle« verwendet. Als Vermesser und Baumeister hatte er nach dem großen Brand von 1666 beim Wiederaufbau Londons mitgewirkt. Als Physiker beschäftigte er sich mit dem Verhalten des Lichtes, der Theorie der Schwerkraft, der Möglichkeit des Baus einer Dampfmaschine, den Ursachen von Erdbeben und der Funktionsweise von Spiralfedern. In diesem Punkt kam es dann auch zum Konflikt mit Huygens, denn Hooke behauptete, der Holländer habe ihm die Idee der spiralförmigen Unruhfeder gestohlen.

Der Konflikt zwischen Hooke und Huygens um das englische Patent für die Unruhfeder beschäftigte sogar die Royal Society, doch am Ende wurde die Angelegenheit von der Tagesordnung gestrichen, ohne daß eine Entscheidung getroffen worden war, die die beiden Rivalen zufriedengestellt hätte.

Und so ging der Streit weiter, obwohl weder Hooke noch Huygens imstande waren, eine genau gehende Schiffsuhr zu bauen. Das Scheitern dieser beiden Giganten schien allen Hoffnungen, man werde das Längenproblem mit Hilfe einer Uhr lösen können, einen schweren Dämpfer zu versetzen. Hochmütige Astronomen, die noch immer daran arbeiteten, die für eine Anwendung der Monddistanztechnik notwendigen Daten zusammenzutragen, nutzten die Gelegenheit, das Verfahren mit den zwei Uhren für unmöglich zu erklären. Soweit sie sahen, konnte die Lösung nur vom Himmel kommen – aus dem göttlichen Uhrwerk des Universums und nicht von einer gewöhnlichen Uhr.

5

Das Pulver der Sympathie

Das College wird die ganze Welt vermessen;
Was niemand für möglich gehalten hat,
Alle Mühen der Navigation sind vergessen,
Weil der Längengrad gefunden ward.
Jede Teerjacke kann nun ohne Bedenken
Jedes Schiff zu den Antipoden lenken.

Anonym

Ballade von Gresham College (ca. 1660)

Gegen Ende des siebzehnten Jahrhunderts, während Mitglieder wissenschaftlicher Akademien über eine Lösung des Längengradproblems debattierten, erschienen zahllose Flugschriften, in denen Verrückte und Opportunisten die absurdesten Ideen vorstellten, wie sie den Längengrad auf See feststellen wollten.

Sicherlich der farbigste dieser Vorschläge war die Hunde-Theorie von 1687. Sie beruhte auf einer

Quacksalberei, dem sogenannten »Pulver der Sympathie«. Dieses wundertätige Pulver, das der schneidige Sir Kenelm Digby in Südfrankreich entdeckt hatte, entfaltete seine heilende Wirkung angeblich auch über große Entfernungen hinweg. Man mußte es nur auf einen Gegenstand des Kranken auftragen. Ein Stück Wundverband beispielsweise, mit etwas Pulver der Sympathie bestreut, bewirkte angeblich ein rascheres Heilen dieser Wunde. Bedauerlicherweise war der Prozeß nicht schmerzlos. Digbys Patienten sollen den Gerüchten nach vor Schmerz aufgeheult haben, wenn er die Messer, mit denen sie sich verletzt hatten, mit dem Pulver bestreute oder die Wundverbände in eine Lösung dieses Pulvers tauchte.

Der Gedanke, dieses Zauberpulver auf das Längengradproblem anzuwenden, ergibt sich für einen aufgeschlossenen Geist von selbst. Man bringt einen verletzten Hund an Bord eines Schiffes, das in See sticht. Eine vertrauenswürdige Person, die an Land zurückbleibt, wird beauftragt, jeden Tag um zwölf Uhr den Verband des Hundes in die Sympathie-Lösung zu tauchen. Der Hund wird daraufhin vor Schmerz aufjaulen und auf diese Weise dem Kapitän sein Zeitsignal geben. Das Jaulen bedeutet: »Die Sonne steht in London im Zenit.« Der Kapitän kann diese Ortszeit mit der Bordzeit vergleichen und daraus die Länge errechnen. Dieses Verfahren hatte natürlich zwei Bedingungen: Erstens mußte das Pulver tatsächlich über Tausende von Meilen hinweg wirken, und zweitens durfte der Hund auch über Monate hinweg nicht gesunden! (Einige Anhänger dieser Theorie meinten, daß der Hund auf einer längeren Reise vermutlich mehrmals aufs neue verwundet werden müßte.)

Ob diese Methode nun als Wissenschaft oder als Satire gedacht war, ist nicht klar. Immerhin erklärte der Urheber, einem Hund immer wieder eine Wunde zuzufügen, sei auch nicht makabrer oder rücksichtsloser, als von einem Seemann zu erwarten, zum Zwecke der Navigation auf einem Auge zu erblinden. »Vor der Erfindung des Quadranten gab es unter zwanzig alten Kapitänen nicht einen, der nicht auf einem Auge blind war, da er, um seinen Weg zu finden, täglich in die Sonne starren mußte.« Das war keineswegs übertrieben.

Als John Davis, der englische Navigator und Entdeckungsreisende, im Jahre 1595 den Quadranten einführte, bezeichneten Seefahrer dieses Gerät sofort als große Verbesserung gegenüber dem alten Jakobsstab. Bei den älteren Visiergeräten maß man den Stand der Sonne über dem Horizont, indem man direkt in das gleißende Licht schaute, wobei die getönten Gläser des Instruments die Augen kaum schützten. Einige Jahre derartiger Beobachtungen reichten aus, um das Augenlicht zu ruinieren. Trotzdem mußten die Beobachtungen gemacht werden. Und nachdem all diese frühen Navigatoren bei der Breitengradbestimmung ein Auge verloren hatten, was machte es da schon aus, wenn man bei der Suche nach dem Längengrad ein paar armseligen Kötern eine Wunde zufügte?

Eine sehr viel humanere Lösung versprach der magnetische Kompaß, der im zwölften Jahrhundert erfunden worden war und inzwischen zur Ausrüstung eines jeden Schiffes gehörte. Mit einer kardanischen Aufhängung versehen, so daß er jederzeit waagerecht blieb, und durch ein Gehäuse vor den Elementen geschützt, half der Kompaß den Seeleuten, den richtigen Kurs zu finden, wenn am Tage die Sonne und nachts der Polarstern von Wolken verdeckt wurden. Viele Seefahrer glaubten nun, eine Kombination aus klarem Nachthimmel und einem guten Kompaß könne bei der Längenbestimmung nützlich sein. Bei klarem Himmel brauchte der Navigator nämlich nur den Winkel zwischen den beiden Nordpolen – dem magnetischen und dem geographischen – zu halbieren, um den Längengrad bestimmen zu können.

Die Kompaßnadel weist zum magnetischen Nordpol, wohingegen der Polarstern über dem geographischen Pol beziehungsweise in seiner Nähe steht. Wenn ein Schiff in der nördlichen Hemisphäre auf irgendeinem Breitengrad in östlicher oder westlicher Richtung fährt, kann der Navigator beobachten, wie sich der Winkelabstand zwischen dem magnetischen und dem geographischen Pol verändert. An bestimmten Punkten im mittleren Atlantik fällt der Winkel groß aus, während an bestimmten Punkten im Pazifik die beiden Pole scheinbar zusammenfallen. (Um sich dieses Phänomen zu veranschaulichen, stecke man eine Gewürznelke in eine Apfelsine, etwa einen Zentimeter neben den Nabel, und drehe sie dann langsam in Augenhöhe.) Es war möglich, eine Tabelle zu entwerfen, welche die Feststellung der geographischen Länge mit der sichtbaren Abweichung zwischen magnetischem und geographischem Nordpol verband.

Diese Methode der magnetischen Abweichung, wie sie genannt wurde, hatte einen deutlichen Vorzug gegenüber allen anderen astronomischen Ansätzen. Man brauchte keine Kenntnis von der Zeit an zwei Orten zu haben oder zu wissen, wann eine vorausberechnete Konstellation am Himmel eintrat. Zeitunterschiede mußten nicht berechnet oder subtrahiert oder mit einer bestimmten Gradzahl multipliziert werden. Die Positionen von magnetischem Pol und Polarstern reichten aus, um die östliche oder westliche Länge zu bestimmen. Mit dieser Methode schien sich der Traum zu erfüllen, den Globus mit definierbaren Längenlinien überziehen zu können – nur war das Verfahren leider unvollständig und ungenau. Kaum eine Kompaßnadel wies ständig präzis auf Nord. Bei den meisten mußte man mehrere Grad Abweichung in Kauf nehmen, und selbst die Abweichung veränderte sich von Reise zu Reise, so daß präzise Positionsbestimmungen sehr schwer waren. Zusätzlich verfälscht wurden die Ergebnisse durch die Launen des Erdmagnetismus, der, wie Halley auf einer zweijährigen Forschungsreise feststellte, in bestimmten Regionen zu- oder abnahm.

1699 schlug Samuel Fyler, ein siebzigjähriger Pfarrer aus Wiltshire, eine Methode vor, wie man Längengrade an den nächtlichen Himmel zeichnen konnte. Er hatte sich überlegt, daß er – oder jemand anderes, der mehr von der Astronomie verstand – Sternreihen bestimmen könnte, die vom Horizont zum Scheitelpunkt des Himmelsgewölbes verliefen. Und zwar vierundzwanzig dieser sternbesetzten Meridiane, einen für jede Stunde des Tages. Dann, so Fyler, könnte man

ohne weiteres eine Karte und eine Zeittabelle anfertigen, der zu entnehmen sei, wann jede Sternreihe über den Kanarischen Inseln (durch die man seinerzeit den Nullmeridian gelegt hatte) zu sehen sei. Der Seefahrer müsse nun ermitteln, welche Sternreihe um Mitternacht Ortszeit über ihm stehe. Wenn es sich beispielsweise um die vierte Reihe handelte und seine Tabelle ihm verriet, daß die erste Reihe über den Kanarischen Inseln stand, dann konnte er – vorausgesetzt, er wußte die Uhrzeit – ausrechnen, daß er sich drei Stunden oder fünfundvierzig Grad westlich der Kanaren befand. Aber selbst bei klaren Nächten verlangte Fylers Ansatz mehr astronomische Angaben, als alle Sternwarten der Welt liefern konnten, und seine Logik bewegte sich ebenso im Kreis wie die Himmelssphäre.
In diese Zeit, kurz nach der Jahrhundertwende, fiel Admiral Shovells Desaster vor den Scilly-Inseln. Die Dringlichkeit, eine Lösung des Längengradproblems zu finden, wurde dadurch nochmals erhöht.
Ein seltsamer Vorschlag kam von den befreundeten Mathematikern William Whiston und Humphrey Ditton, die gern über die verschiedensten Themen debattierten. Whiston war Nachfolger seines Lehrers Isaac Newton als Lucasian Professor in Cambridge, hatte dann aber seinen Lehrstuhl wegen unorthodoxer

religiöser Auffassungen verloren – beispielsweise erklärte er die Sintflut als simples Naturereignis.
Ditton war Mathematiklehrer an der Christ's Hospital School in London. Bei einem langen Nachmittag angenehmer Unterhaltung verfielen die beiden auf eine neue Möglichkeit, das Problem des Längengrades zu lösen.
Wie man später in gedruckter Form nachlesen konnte, war es Mr. Ditton, der meinte, daß der Schall den Seeleuten als Signal dienen könne. Kanonenschüsse oder andere sehr laute Töne, zu bestimmten festgelegten Zeiten an bekannten Punkten abgegeben, könnten die Meere mit hörbaren Signalen erfüllen. Mr. Whiston pflichtete ihm begeistert zu. Er entsann sich, die Schüsse der großen Kanonen, die von Beachy Head aus auf die französische Flotte feuerten, mit eigenen Ohren in Cambridge gehört zu haben – in rund neunzig Meilen Entfernung. Und aus zuverlässiger Quelle wisse er, daß der Geschützdonner der Holländischen Kriege »bis in die Mitte *Englands* gedrungen sei, über eine noch größere Entfernung hinweg«.
Wenn also genügend viele Signalschiffe an strategischen Punkten auf den Weltmeeren stationiert wären, könnten die Seeleute ihre Entfernung zu diesen Schiffen berechnen, indem sie den Unterschied zwischen

der bekannten Signalzeit und der Ortszeit an Bord ermittelten. Unter Berücksichtigung der Geschwindigkeit des Schalls ließe sich auf diese Weise der Längengrad bestimmen.

Als die beiden Männer ihre Idee Seeleuten anvertrauten, erfuhren sie indessen bald, daß der Schall keine zuverlässige Positionsbestimmung auf See erlaube. Der Plan wäre vermutlich sofort begraben worden, hätte Whiston nicht den Einfall gehabt, Schall und Licht miteinander zu kombinieren. Wenn man mit den besagten Signalkanonen Leuchtkugeln in die Luft schösse, die in einer Höhe von mehr als einer Meile explodierten, könnten Seeleute den Zeitunterschied zwischen Feuerschein und Explosionsknall feststellen – so wie Wetterkundige die Entfernung eines Gewitters bestimmten, indem sie die Sekunden zwischen Blitz und Donner zählten.

Whiston hatte allerdings Bedenken, ob das Übermitteln von Zeitsignalen durch Leuchtkugeln auf hoher See tatsächlich ein taugliches Verfahren war. Mit großer Befriedigung beobachtete er daher das Feuerwerk, das am 7. Juli 1713 zur Feier des Friedensschlusses im Spanischen Erbfolgekrieg zwischen Großbritannien und Frankreich veranstaltet wurde. Es überzeugte ihn, daß ein Geschoß mit genauer Zeitzündung, das in einer Höhe von 6 440 Fuß explodierte (er hielt dies für die technisch maximale Höhe), mit Gewißheit in einer Entfernung von 100 Meilen zu sehen war. Nachdem er sich in dieser Hinsicht beruhigt hatte, schrieb er gemeinsam mit Ditton einen Artikel, der kurz darauf im *Guardian* erschien und die notwendigen Maßnahmen ihres Planes erläuterte.

Zunächst würde eine Flotte völlig neuen Typs ausgesandt und im Abstand von 600 Meilen auf den Weltmeeren vor Anker gehen müssen. Darin sahen Whiston und Ditton kein Problem, da sie sich in der erforderlichen Länge der Ankerketten verschätzten. Sie gingen davon aus, daß der Nordatlantik an seiner tiefsten Stelle 300 Faden (ein Faden entspricht etwa 1,90 Meter) maß, während tatsächlich die durchschnittliche Tiefe etwa 2 000 Faden beträgt und der Meeresboden gelegentlich bis auf 3 450 Faden abfällt. Dort, wo das Meer zum Ankern zu tief sei, könne man Gewichte bis zu ruhigeren Wasserschichten herablassen, die das Schiff halten würden. Jedenfalls waren die beiden Autoren überzeugt, daß diese kleineren Probleme in der Praxis zu lösen seien.

Komplizierter war da schon die genaue Bestimmung der Position dieser Schiffe. Die Zeitsignale mußten ja an Orten abgegeben werden, deren geographische

Position bekannt war. Hierzu konnte man Verdunkelungen der Jupitermonde verwenden, ja sogar Sonnen- oder Mondfinsternisse, da diese Bestimmungen nicht allzu häufig gemacht werden mußten. Die Signalschiffe konnte man auch mit Hilfe der Monddistanz positionieren, so daß Kapitänen passierender Schiffe die astronomischen Beobachtungen und mühsamen Berechnungen erspart blieben.

Der Navigator mußte lediglich um Mitternacht Ortszeit auf das Signallicht und die Detonation achten, dann konnte er in dem Bewußtsein, daß sein Schiff sich zwischen fixen Punkten auf See befand, getrost weitersegeln. Wenn Wolken die Sicht verdeckten, mußte der Schall genügen. Und außerdem würde ja bald das nächste Signalschiff eine neue Positionsbestimmung ermöglichen.

Diese Signalschiffe sollten nach Auffassung der Autoren natürlich sicher sein vor Piraterie und Angriffen durch kriegführende Nationen, ja sogar den verbrieften Schutz aller Handelsnationen genießen: »Es müßte zu einem schweren Verbrechen erklärt werden, diese Schiffe zu beschädigen oder die Explosionen, ob zum Vergnügen oder zum Zwecke der Irreführung, nachzuahmen.«

Kritiker wiesen sofort darauf hin, daß, selbst wenn all

diese offensichtlichen Hindernisse aus dem Weg geräumt seien – nicht das geringste Problem waren die Kosten eines solchen Unternehmens –, noch immer viele Probleme zu lösen wären. Die Bemannung dieser Schiffe würde Tausende von Seeleuten erfordern. Und diese Leute wären noch übler dran als Leuchtturmwärter – einsam, den Elementen ausgeliefert, womöglich von Hunger bedroht und stets gezwungen, nüchtern zu bleiben.

Am 10. Dezember 1713 wurde der Vorschlag von Whiston und Ditton im *Englishman* ein zweites Mal abgedruckt. 1714 erschien er unter dem Titel *A New Method for Discovering the Longitude both at Sea and Land* (Eine neue Methode der Längengrad-Feststellung zur See und zu Land) in Buchform. Trotz der unüberwindlichen Mängel ihrer Idee gelang Whiston und Dutton ein entscheidender Schritt zu einer Lösung des Längenproblems. Dank ihrer Hartnäckigkeit und ihres Strebens nach öffentlicher Anerkennung schafften sie es, Londoner Schiffahrtskreise zu einer gemeinschaftlichen Petition zu bewegen. Im Frühjahr 1714 formulierten sie eine Resolution, die von »Kapitänen auf Ihrer Majestät Schiffen, Kaufleuten zu London und Eignern von Handelsschiffen« unterzeichnet wurde. In diesem Dokument, das dem Parlament wie ein Fehdehandschuh hingeworfen wurde, forderten sie von der Regierung, sich der Dringlichkeit des Längengradproblems bewußt zu werden und zu einer möglichst raschen Lösung dieses Problems beizutragen - durch Ausschreibung einer großzügigen Prämie für den Erfinder einer praktikablen Methode zur präzisen Bestimmung der Länge auf See.

Die Händler, Reeder und Seeleute verlangten die Einsetzung einer Kommission, die sich mit dem gegenwärtigen Stand des Problems beschäftigen sollte. Sie baten um die Bereitstellung von Mitteln zur Erforschung und Entwicklung erfolgversprechender Ideen. Und sie verlangten eine fürstliche Summe für den Urheber einer wirklichen Lösung.

6

Der Preis

Her cutty sark, o' Paisley harn
That while a lassie she had worn,
In longitude tho' sorely scanty,
It was her best, and she was vauntie.

Robert Burns

Tam o' Shanter

Die Petition der Kaufleute und Seefahrer, die in der Frage des Längengrads zu raschem Handeln drängten, wurde dem Parlament von Westminster im Mai 1714 vorgelegt. Im Juni trat ein parlamentarischer Ausschuß zusammen, um sich mit ihr auseinanderzusetzen.

Da keine Zeit zu verlieren war, holte sich der Ausschuß Rat bei dem berühmten, mittlerweile zweiundsiebzigjährigen Isaac Newton und dessen Freund

Edmond Halley. Halley war einige Jahre zuvor nach St. Helena gereist, um dort die Sterne der südlichen Hemisphäre – praktisch jungfräuliches Terrain der nächtlichen Landschaft – zu kartographieren. Der publizierte Katalog mit mehr als dreihundert südlichen Sternen hatte ihm einen Sitz in der Royal Society eingetragen. Er war weit gereist, um die magnetische Abweichung zu erforschen, war mit dem Problem des Längengrads also bestens vertraut – und hatte ein persönliches Interesse daran.

Newton trug dem Ausschuß eine schriftliche Stellungnahme vor und beantwortete, trotz seiner »geistigen Erschöpfung« an diesem Tag, die Fragen der Ausschußmitglieder. Er gab eine Übersicht über die bestehenden Methoden der Längenbestimmung und erklärte, daß alle in der Theorie korrekt, aber »in der Exekution schwierig« seien. Das war natürlich stark untertrieben. Zu dem Verfahren, die Länge mit Hilfe einer Uhr zu bestimmen, etwa äußerte er sich folgendermaßen:

»Eine Methode besteht darin, mit Hilfe einer Uhr die genaue Zeit zu ermitteln. Es ist freilich noch keine Uhr hervorgebracht worden, die in der Lage wäre, unbehelligt von den Schiffsbewegungen, den Temperaturschwankungen, der unterschiedlichen Luftfeuchtigkeit und der unterschiedlichen Gravitation an verschiedenen Breitengraden genaue Ergebnisse anzuzeigen.« Und damit, so deutete er an, sei auch in Zukunft nicht zu rechnen.

Vielleicht sprach Newton zuerst von der Uhr, um sie als Schimäre hinzustellen und sich dann den aussichtsreicheren, wenngleich noch immer problematischen astronomischen Methoden zuwenden zu können. Er erwähnte die Beobachtung der Jupitermonde, eine Methode, die zumindest an Land funktionierte, Seeleuten aber nicht viel nützte. Er beschrieb andere astronomische Verfahren, die sich auf vorausberechnete Sternbedeckungen durch den Mond oder auf die vorausberechneten Zeiten von Mond- und Sonnenfinsternissen stützten. Er erwähnte auch die grandiose »Methode der Monddistanzen« – jenes Verfahren, bei dem durch Ermittlung der Entfernung zwischen Mond und Sonne (bei Tag) beziehungsweise zwischen Mond und Sternen (bei Nacht) die Länge bestimmt werden konnte. (In diesen Jahren und zweifellos auch während Newtons Vortrag arbeitete Flamsteed in der Königlichen Sternwarte fieberhaft daran, Sternpositionen zu ermitteln, die als Grundlage dieser vielgerühmten Methode dienen sollten.)

Der Ausschuß nahm Newtons Darstellung in seinen

offiziellen Bericht auf. Er sprach sich weder für eine bestimmte Methode aus, noch stellte er den britischen Genius über ausländische Ideen. Er forderte das Parlament lediglich auf, potentielle Lösungen aus jedem Bereich der Wissenschaft und Kunst, von Einzelpersonen oder Gruppen jeglicher Nationalität zu prüfen und für eine erfolgreiche Lösung eine großzügige Belohnung auszuschreiben.

Im *Longitude Act*, am 8. Juli 1714 unter Königin Anne erlassen, wurden diese Empfehlungen aufgegriffen und drei Preise ausgeschrieben:

- £ 20 000 (für heutige Begriffe mehrere Millionen Mark) für eine Methode zur Ermittlung der geographischen Länge bei einer Abweichung von höchstens einem halben Grad;
- £ 15 000 bei einer Abweichung von zwei Drittel Grad;
- £ 10 000 bei einer Abweichung von maximal einem Grad.

Da ein Grad Länge, gemessen am Äquator, einer Strecke von sechzig Seemeilen entspricht (das heißt rund einhundertelf Kilometern), bedeutet selbst der Bruchteil eines Grades noch eine beträchtliche Entfernung – und ließ Irrtümern in der Positionsbestimmung eines Schiffes auf See noch immer reichlich

Raum. Daß die britische Regierung bereit war, solch riesige Summen für »Praktikable und Nützliche Methoden« bereitzustellen, mit denen man das Ziel um viele Meilen verfehlen konnte, drückt die Verzweiflung der Nation über den beklagenswerten Stand der Navigation beredt aus.

Der Longitude Act rief auch eine mit Experten besetzte Jury ins Leben, den sogenannten »Board of Longitude«. Diese aus Naturwissenschaftlern, Marineoffizieren und Regierungsbeamten bestehende Kommission hatte freie Hand in der Zuerkennung der Preisgelder. *Ex officio* gehörten ihr an: der Königliche Astronom, der Präsident der Royal Society, der Erste Seelord, der Staatssekretär für die Flotte, der Speaker des Unterhauses sowie Mathematikprofessoren der Universitäten Oxford und Cambridge. (Newton, der dreißig Jahre in Cambridge gelehrt hatte, war 1714 Präsident der Royal Society.)

Der Longitude Act ermöglichte es der Kommission auch, bedürftigen Erfindern kleinere Beträge zukommen zu lassen, um sie in die Lage zu versetzen, aussichtsreiche Ideen weiterzuentwickeln. Mit ihrer Finanzhoheit war sie vielleicht die erste staatliche Forschungs- und Entwicklungsbehörde der Welt. (Obwohl anfangs niemand damit gerechnet hatte, sollte der Board of Longitude mehr als hundert Jahre bestehen. Als er sich schließlich im Jahre 1828 auflöste, hatte er mehr als einhunderttausend Pfund Sterling vergeben.)

Damit die Kommissare des Längengrads die Genauigkeit eines jeden Vorschlages beurteilen konnten, mußte die Technik auf einem Schiff Ihrer Majestät erprobt werden, das »von Großbritannien nach einem beliebigen, von der Kommission zu bestimmenden Hafen der Westindischen Inseln segeln wird, wobei die obengenannten maximalen Abweichungen in der Längengradbestimmung nicht überschritten werden dürfen«.

Angebliche Lösungen des Längengradproblems hatte es auch schon vor 1714, vor Verabschiedung des Gesetzes, in großer Zahl gegeben. Nach 1714 wurden jedoch mit Blick auf die schlagartig angewachsene potentielle Belohnung massenhaft Vorschläge gemacht. Bald wurde die Kommission geradezu belagert von einer großen Zahl betrügerischer oder ehrlich von ihrer Lösung überzeugter Menschen, die von dem Preis gehört hatten und ihn gewinnen wollten. Manch hoffnungsfroher Kandidat war so elektrisiert vor lauter Geldgier, daß er nicht einmal die Bedingungen der Ausschreibung zur Kenntnis nahm. So gab es Vorschläge zur Verbesserung des Schiffsruders, zur

Trinkwasserbereitung auf hoher See und zur Herstellung besonders sturmtauglicher Segel. Im Laufe ihrer langen Geschichte erhielt die Kommission zahlreiche Konstruktionspläne für Perpetua mobilia und Vorschläge, wie Kreisumfang und Kreisfläche zu berechnen seien.

In der Folge wurde der Ausdruck »den Längengrad finden« zum Synonym für ein aussichtsloses Unterfangen. »Die Länge« war ein so populäres Gesprächsthema und eine so beliebte Pointe von Witzen, daß der Begriff sogar in die zeitgenössische Literatur einging. In *Gullivers Reisen* beispielsweise soll der gute Kapitän Lemuel Gulliver erzählen, wie er sich das Leben als unsterblicher Struldbrug vorstellt. Er antwortet, er würde mit Vergnügen die Wiederkehr der Kometen beobachten, würde verfolgen, wie aus großen Flüssen seichte Bäche werden, und er würde »die Entdeckung des *Längengrades*, des *Perpetuum mobile*, der *Universalmedizin* und viele andere bedeutende Entdeckungen erleben, die zur größten Vollkommenheit gelangt sind«.

Ein Teil des Vergnügens, das Längenproblem anzugehen, bestand darin, andere Konkurrenten durch den Kakao zu ziehen. Der Pamphletist »R. B.« schrieb über Mr. Whiston, den Erfinder der Signalschiff-Methode mit den Kanonenschüssen: »Wenn er überhaupt ein Hirn hat, dann muß es zersprungen sein von dem Lärm, den er sich vorgestellt hat.«

Eine der folgenreichsten, prägnantesten Bemerkungen über andere Rivalen stammt aus der Feder von Jeremy Thacker aus Beverly in England. Nachdem er von den unausgegorenen Methoden gehört hatte, die Länge mit Böllerschüssen oder erhitzten Kompaßnadeln zu finden, anhand der Bewegungen des Mondes, durch die Sonnenhöhe und dergleichen mehr, entwickelte er eine neuartige, in einer Vakuumkammer eingeschlossene Uhr, die er als die allerbeste Methode pries: »Mit einem Wort, meine Leser werden sich zweifellos schnell davon überzeugen, daß die *Phonometer*, *Pyrometer*, *Selenometer*, *Heliometer* und alle anderen *Meter* es nicht wert sind, mit meinem *Chronometer* verglichen zu werden.«

Thackers witziger Neologismus ist offenbar die Geburtsstunde des Begriffes *Chronometer*. Seine Wortschöpfung aus dem Jahre 1714, vielleicht spaßig gemeint, setzte sich später als geläufige Bezeichnung für die Schiffsuhr durch. Noch heute wird ein solcher Apparat als Schiffschronometer bezeichnet. Thackers Uhr war jedoch nicht ganz so gut wie ihr Name, auch wenn sie zwei wichtige Neuerungen aufweisen konnte:

eine gläserne Vakuumkammer, die den Chronometer vor Schwankungen des Luftdrucks und vor Feuchtigkeit schützte, sowie zwei geschickt gekoppelte Aufziehstäbe, die dafür sorgen sollten, daß die Uhr während des Aufziehens nicht stehenblieb. Vor Thackers Erfindung dieser »Antriebserhaltung« waren federgetriebene Uhren während des Aufziehens einfach stehengeblieben und hatten die Zeit gewissermaßen aus den Augen verloren. Thacker hatte die Uhr außerdem mit einer kardanischen Aufhängung versehen, so daß sie, wie ein Schiffskompaß, auch bei den heftigsten Schiffsbewegungen nicht auf dem sturmumtosten Deck herumsprang.

Passen mußte seine Uhr allerdings bei Temperaturschwankungen. Obwohl die Vakuumkammer eine gewisse Isolierung gegen Kälte und Hitze bot, war sie bei weitem nicht ausreichend – und Thacker wußte das auch.

Die Raumtemperatur hatte großen Einfluß auf die Ganggenauigkeit eines jeden Zeitmessers. Metallpendel dehnten sich bei Wärme aus, zogen sich bei Kälte zusammen, die Uhren liefen also je nach Temperatur unterschiedlich schnell. Ähnliches war bei Unruhfedern zu beobachten, die bei Erwärmung nachgiebiger und weicher, bei Kälte steifer wurden. Thacker hatte sich bei seinen Chronometerversuchen ausgiebig mit diesem Problem beschäftigt. Tatsächlich enthielt der Vorschlag, den er der Längenkommission unterbreitete, die genau protokollierten Ganggeschwindigkeiten bei verschiedenen Temperaturen sowie eine Kurve, die den bei unterschiedlichen Temperaturen zu erwartenden Fehlerbereich anzeigte. Ein Seemann, der den Chronometer verwendete, würde einfach die auf dem Zifferblatt angegebene Uhrzeit gegen den Stand eines Thermometers abwägen und die entsprechenden Berechnungen anstellen müssen. Und genau daran scheiterte sein Verfahren: Jemand an Bord hätte praktisch ständig den Chronometer beobachten, sämtliche Temperaturschwankungen notieren und bei den Rechenoperationen alle Daten berücksichtigen müssen! Und Thacker räumte selber ein, daß sein Chronometer sogar unter idealen Bedingungen bis zu sechs Sekunden pro Tag verlor oder gewann.

Sechs Sekunden – was war das schon im Vergleich zu den fünfzehn Minuten Fehlanzeige, die bei älteren Uhren üblich waren. Weshalb diese Haarspalterei?

Wegen der Auswirkungen auf die Positionsbestimmung auf See – und wegen des Geldes, um das es hier ging.

Der 20 000-Pfund-Preis war für eine Uhr bestimmt,

mit deren Hilfe man die Länge bis auf einen halben Grad genau ermitteln konnte. Das bedeutete, daß sie in vierundzwanzig Stunden nicht mehr als drei Sekunden vor- oder nachgehen durfte. Die Rechnung ist ganz einfach: Ein halber Grad geographischer Länge entspricht zwei Zeitminuten – der maximal zulässigen Abweichung bei einer sechswöchigen Seefahrt von England zur Karibik. Eine Fehlanzeige von nur drei Sekunden pro Tag, berechnet über vierzig Tage auf See, ergibt am Ende der Reise zwei Minuten.

Thackers Pamphlet, der beste von allen Vorschlägen, die die britische Längenkommission im ersten Jahr prüfte, gab keinen Anlaß zu großen Hoffnungen. Es war noch so viel zu tun. Und so wenig war bisher erreicht worden.

Newton wurde ungeduldig. Für ihn stand jetzt fest, daß eine Lösung des Längenproblems nur in den Sternen zu finden war. Die Monddistanzmethode, die in den vorangegangenen Jahrhunderten wiederholt vorgeschlagen worden war, gewann mit dem Fortschritt der Astronomie an Glaubwürdigkeit und Verbreitung. Dank Newtons eigenen Formulierungen des Allgemeinen Gravitationsgesetzes verstand man die Bewegungen des Mondes nun besser und konnte sie in gewissem Umfang vorausberechnen. Doch noch immer wartete die Welt auf die Vollendung von Flamsteeds großer Sternenvermessung.

Flamsteed hatte vierzig Jahre lang akribisch die Gestirne kartographiert – seine Ergebnisse aber noch immer nicht publiziert. Er hielt seine Arbeit in Greenwich unter Verschluß. Newton und Halley schafften es schließlich, eines Großteils seiner Unterlagen aus der Königlichen Sternwarte habhaft zu werden, und sie veröffentlichten Flamsteeds Sternenkatalog im Jahre 1712 gewissermaßen als Raubdruck. Flamsteed schlug zurück, indem er dreihundert der insgesamt vierhundert gedruckten Bände einsammelte und verbrannte.

»Ich habe sie vor zwei Wochen den Flammen übergeben«, schrieb Flamsteed an Abraham Sharp, seinen früheren Assistenten. »Vielleicht begreift Sir I. N. ja, daß ich ihm und Dr. Halley einen großen Gefallen getan habe.« Anders gesagt, die Veröffentlichung der Sternpositionen konnte, da nicht hinreichend überprüft, dem Ruf eines angesehenen Astronomen nur schaden.

Trotz der Aufregung um den verfrüht publizierten Sternkatalog glaubte Newton weiterhin daran, daß die gleichmäßigen Bewegungen des kosmischen Uhrwerks noch am ehesten geeignet seien, Schiffen auf hoher See Orientierung zu geben. Eine von Menschenhand gemachte Uhr war gewiß ein nützliches Hilfsmittel bei astronomischen Berechnungen, konnte diese aber keinesfalls ersetzen. Nach sieben Jahren Mitgliedschaft in der Längenkommission schrieb Newton 1721 an Josiah Burchett, den Staatssekretär der Admiralität:

»Eine gute Uhr mag dazu dienen, einige Tage auf See die Orientierung zu behalten und die Zeit für eine Himmelsbeobachtung anzugeben, und diesen Zweck wird sie erfüllen, bis eine bessere Sorte Uhr erfunden ist. Sobald man auf See aber die Länge verloren hat, kann sie von keiner Uhr wiedergefunden werden.«

Newton starb 1727 und erlebte nicht mehr, daß der große Längengradpreis vier Jahrzehnte später an den autodidaktischen Erbauer einer übergroßen Taschenuhr verliehen wurde.

7

Tagebuch eines Zahnradmachers

Ach! Sie war vollkommen, ohne Parallele,
Nicht eine moderne Heilige kann so sein,
Sie stand so hoch über den Mächten der Hölle,
Daß ihr Schutzengel heraustrat aus seiner Garnison.
Noch ihre kleinsten Bewegungen waren so fein
Wie die der besten Uhr von Harrison.

Lord Byron
Don Juan

Über die frühen Lebensjahre John Harrisons ist so wenig bekannt, daß seine Biographen gezwungen waren, ihren Stoff aus spärlichen Fakten zusammenzuweben.

Diese wenigen Dinge erinnern jedoch an erregende Elemente im Leben anderer legendärer Männer, so daß Harrisons Geschichte etwas Spannendes bekommt. Beispielsweise hat er sich mit dem gleichen Wissensdurst weitergebildet wie der junge Abraham Lincoln, der nachts bei Kerzenschein studierte. Er kam, genau wie Thomas Edison oder Benjamin Franklin, wenn nicht aus elenden, so doch aus sehr einfachen Verhältnissen und gelangte durch Intelligenz und Fleiß zu Reichtum. Und – auch auf die Gefahr hin, das Bild überzustrapazieren – er verbrachte die ersten dreißig Jahre als namenloser Tischler, ehe die Welt auf ihn und seine Ideen aufmerksam wurde.

John »Längengrad« Harrison kam am 24. März 1693 als ältestes von fünf Kindern in der Grafschaft Yorkshire zur Welt. Seine Eltern beschränkten sich, der Sitte ihrer Zeit entsprechend, auf so wenige Namen bei ihren Kindern, daß man schon Papier und Stift braucht, um all die Henrys, Johns und Elizabeths auseinanderzuhalten. John Harrison etwa war Sohn, Enkel, Bruder und Onkel eines Henry Harrison, während seine Mutter, seine Schwester, seine beiden Frauen, seine einzige Tochter und zwei von drei Schwiegertöchtern allesamt auf den Namen Elizabeth hörten.

Sein Elternhaus scheint auf Nostell Priory, dem Gut eines reichen Grundbesitzers, gestanden zu haben, bei dem Harrison senior als Tischler und Aufseher arbeitete. Schon bald, zwischen Johns viertem und siebentem Lebensjahr, zog die Familie, man weiß nicht warum, nach Barrow, einem kleinen, sechzig Meilen entfernten Ort am Südufer des Humber.

Dort erlernte der junge John bei seinem Vater das Tischlerhandwerk. Wer ihm Musikunterricht erteilte, ist unbekannt, doch er spielte die Gambe, läutete und stimmte die Kirchenglocken und dirigierte schließlich den Kirchenchor von Barrow. (Viele Jahre später, im Anhang der 1775 erschienenen Darstellung seiner Uhren, *A Description Concerning Such Mechanism as will Afford a Nice or True Mensuration of Time*, formulierte er eine radikale Theorie der Tonleiter.)

Der junge John muß sehr wißbegierig gewesen sein. Vielleicht hat er es selbst geäußert, vielleicht brannte die Faszination an technischen Apparaten so sehr in seinen Augen, daß es anderen auffiel. Jedenfalls schärfte ein Pfarrer, der 1712 die Gemeinde besuchte, seine Neugier, indem er ihm ein kostbares Lehrbuch lieh – eine Abschrift von naturphilosophischen Vorlesungen, die der Mathematiker Nicholas Saunderson an der Universität Cambridge gehalten hatte.

John Harrison konnte bereits lesen und schreiben, als er dieses Buch in die Hände bekam. Er fertigte seine eigene Abschrift von Saundersons Werk an, die er mit Anmerkungen versah und der er den Titel »Die Mechanik des Mr. Saunderson« gab. Er kopierte jedes

Wort, jede Tabelle und jede Kurve, um die Bewegungsgesetze besser verstehen zu können. Unablässig vertiefte er sich wie ein Bibelforscher in dieses Lehrbuch, und im Laufe der Zeit versah er den Text mit immer neuen Anmerkungen und Überlegungen. Seine Handschrift ist klein, sauber und regelmäßig, wie man es bei einem methodisch denkenden Menschen erwartet.

Während Harrison nichts von Shakespeare hielt und die Werke dieses Dichters nicht in seinem Haus duldete, kamen ihm Newtons *Principia* und Saundersons Vorlesungen, mit denen er seine naturwissenschaftlichen Kenntnisse vertiefte, zeit seines Lebens zustatten.

Seine erste Pendeluhr baute Harrison 1713, als er knapp zwanzig war. Warum er das tat und wieso er ohne Uhrmacherlehre ein so hervorragendes Ergebnis erzielte, bleibt ein Rätsel. Doch die Uhr existiert. Ihr Werk und Zifferblatt – signierte, datierte Fossilien aus dieser Anfangszeit – befinden sich heute in einer Schauvitrine im Ausstellungsraum der *Worshipful Company of Clockmakers* in der Londoner Guildhall.

Diese Uhr ist nicht nur deswegen bemerkenswert, weil der große Harrison sie gebaut hat, sondern auch einmalig, weil sie fast ausschließlich aus Holz besteht. Sie ist gewissermaßen eine getischlerte Uhr, mit Eichenholzrädern und Buchsbaumzapfen, die mit kleinen Teilen aus Messing und Stahl verbunden sind und von ihnen angetrieben werden. Als praktisch denkender und einfallsreicher Mensch verwendete Harrison die Materialien, die ihm zur Verfügung standen, und zwar sehr gekonnt. Die hölzernen Zähne der Räder brachen nicht ab und zeigten keine Abnutzungserscheinungen, weil sie so geschnitten waren, daß die Holzmaserung verstärkend wirkte.

Historiker fragen sich, ob Harrison irgendwelche Uhren auseinandergenommen und studiert hat, bevor er daranging, seine eigene zu bauen. Einer Legende zufolge soll er während einer Kinderkrankheit dem Ticken einer Taschenuhr gelauscht haben, die auf seinem Kopfkissen lag. Doch wo sollte der Knabe einen solchen Gegenstand herbekommen haben? Taschen- und Standuhren kosteten in jener Zeit sehr viel Geld. Selbst wenn seine Eltern sich eine Uhr hätten leisten können, wo hätten sie sie kaufen sollen? Im frühen achtzehnten Jahrhundert gab es (abgesehen von dem Autodidakten John Harrison selbst), soweit wir wissen, keinen einzigen Uhrmacher im nördlichen Lincolnshire.

Harrison baute 1715 und 1717 noch zwei weitere, fast

identische Holzuhren. Die Pendel und hohen Gehäuse dieser Zeitmaschinen sind verlorengegangen, so daß nur die Uhrwerke erhalten sind, mit Ausnahme eines Teils der Tür (etwa von der Größe eines DIN-A3-Blattes) von der dritten Uhr. Er blieb der Nachwelt erhalten, weil ein innen aufgeklebtes Dokument das weiche Holz schützte. Dieses Dokument, Harrisons »Tabelle der Zeitgleichung«, wird heute zusammen mit seiner ersten Uhr in einer Vitrine in der Guildhall gezeigt.

Mit Hilfe der Tabelle konnte man die Abweichung zwischen der »wahren« Sonnenzeit (wie sie von einer Sonnenuhr angezeigt wird) und der künstlichen, aber genaueren »mittleren« Zeit (wie sie von mechanischen Uhren angezeigt wird) errechnen. Die Differenz zwischen Sonnenzeit und mittlerer Zeit wird, je nach Jahreszeit, größer und kleiner und kann in einer Kurve dargestellt werden. Heute wird die Zeit nicht mehr nach der Sonnenzeit angegeben, sondern nur nach dem Standard der sogenannten »Greenwich Mean Time«, doch zu Harrisons Zeit erfreuten sich Sonnenuhren noch großer Beliebtheit. Eine gute mechanische Uhr mußte mit dem kosmischen Uhrwerk in Einklang gebracht werden, und das geschah mit Hilfe der »Zeitgleichung«. Harrison kannte sich schon in seiner Jugend auf diesem Gebiet aus, ja er stellte sogar eigene astronomische Beobachtungen an und ermittelte die Daten für seine eigene Tabelle.

Das Wesen dieser Konversionstabelle faßte Harrison in einer handgeschriebenen Titelei zusammen: »Tabelle der Sonnenaufgänge und -untergänge auf der Breite von Barrow 53 Grad 18 Minuten; sowie der Differenz, die es gibt & geben soll zwischen Pendule & Sonne, wenn die Uhr richtig geht.« Diese etwas malerische Formulierung ist Ausdruck ihrer Zeit, aber auch einer gewissen Umständlichkeit. Harrisons Bewunderer haben oft darauf hingewiesen, daß er sich schriftlich nicht klar ausdrücken konnte. Er schrieb gewunden und umständlich. Welch brillante Ideen sich in seinem Kopf auch entwickelt oder in seinen Uhren kristallisiert haben, sein sprachlicher Ausdruck war alles andere als glanzvoll. Sein letztes veröffentlichtes Werk, in dem er die ganze Geschichte seiner unerfreulichen Verhandlungen mit der Längenkommission darstellt, zeigt ihn auf dem Höhepunkt seiner endlosen Umständlichkeit. Der erste Satz erstreckt sich, ohne Punkt und Komma, über fünfundzwanzig Seiten.

In privaten Dingen wohl etwas direkter, machte Harrison Elizabeth Barrel einen Heiratsantrag, und am 30. August 1718 wurde sie seine Frau. Im darauffolgenden Sommer wurde ihr Sohn John geboren. Später erkrankte Elizabeth und starb in dem Frühling, bevor der Junge sieben wurde.

Es überrascht nicht, daß über das Privatleben des Witwers wenig bekannt ist, denn er führte kein Tagebuch und hat keine Briefe hinterlassen, in denen er über seine Arbeit oder seine Sorgen berichtet. Aus dem Kirchenbuch geht jedoch hervor, daß er ein halbes Jahr nach dem Tod seiner Frau wieder eine Braut fand. Am 23. November 1726 heiratete er die zehn Jahre jüngere Elizabeth Scott, mit der er fünfzig Jahre zusammenleben sollte. Bald wurden zwei Kinder geboren – 1728 ein Sohn, William, der der Liebling des Vaters war und seine rechte Hand wurde, 1732 eine Tochter, Elizabeth, von der bis auf den Tag ihrer Taufe (21. Dezember) nichts bekannt ist. John, der Sohn aus erster Ehe, starb achtzehnjährig.

Niemand weiß, wann oder wie Harrison erstmals vom Preis der Längenkommission hörte. Man kann allerdings annehmen, daß sich in Hull, der drittgrößten englischen Hafenstadt, die nur fünf Meilen nördlich von Barrow lag, solche Dinge herumgesprochen haben müssen. Von dort könnte die Nachricht durch irgendeinen Matrosen oder Kaufmann auf die andere Seite des Humber gelangt sein.

Harrison dürfte schon früh vom Problem der Längengradbestimmung gewußt haben – so wie jeder aufgeweckte Junge heutzutage weiß, daß Krebs noch immer unheilbar ist und es keine vernünftige Möglichkeit zur Beseitigung von Atommüll gibt. Die geographische Länge war die große technologische Herausforderung der Zeit. Mit der Frage, wie man auf See Uhrzeit und Längengrad bestimmen konnte, hat Harrison sich vermutlich schon beschäftigt, bevor das britische Parlament die große Prämie aussetzte – zumindest jedoch, bevor er davon erfuhr. Ob er sich nun vordringlich mit dem Längengrad befaßte oder nicht, er arbeitete an Projekten, die sein Denken auf eine Lösung des Problems vorbereiteten.

Irgendwann um 1720, als Harrison eine gewisse örtliche Bekanntheit als Uhrmacher erlangt hatte, wurde er von Sir Charles Pelham beauftragt, eine Turmuhr für den neuen Stall des Gutshauses von Brocklesby Park zu erbauen.

Diese Arbeit führte Harrison, der als Knabe die Kirchenglocken geläutet hatte, in vertraute Höhen. Diesmal nicht, um das Glockenseil zu ziehen, sondern um ein neues Instrument zu konstruieren, das jedermann die wahre Zeit verkünden sollte.

Die Turmuhr in Brocklesby Park, die um 1722 fertiggestellt wurde, zeigt noch heute die Zeit an. Sie läuft seit über 270 Jahren - abgesehen von einer kurzen Unterbrechung im Jahre 1884, als sie überholt wurde. In dieser Uhr, angefangen bei dem schönen Gehäuse bis hin zum fast reibungsfreien Räderwerk, erweist sich die handwerkliche Meisterschaft eines großen Schreiners. Das Werk beispielsweise kommt ohne Öl aus. Es braucht nicht geschmiert zu werden, da die entscheidenden Teile aus *Lignum vitae* sind, einem tropischen Hartholz, das selbst Fett ausscheidet. Harrison verzichtete bewußt auf die Verwendung von Eisen oder Stahlteilen, da er befürchtete, daß sie bei feuchter Witterung rosten würden. Wenn er Metall benötigte, griff er auf Messing zurück.

Die Zahnräder aus Eichenholz sind nach einem neuen Prinzip konstruiert. Die Räder ähneln einer Kinderzeichnung der Sonne - die Maserungslinien laufen strahlenförmig, wie mit Stift und Lineal gezogen, vom Radmittelpunkt bis zu den Zahnenden. Um eine möglichst große Langlebigkeit der Holzteile zu erreichen, verwendete Harrison Eiche von schnell wachsenden Bäumen, deren Jahresringe weit auseinanderstehen. Aufgrund des hohen Anteils an jungem Holz liefern solche Bäume Holz mit weiter Maserung und großer Härte. (Unter dem Mikroskop weist die Struktur von

Jahresringen eine gewisse Ähnlichkeit mit einer Bienenwabe mit ihren Höhlungen auf, während neues Holz zwischen den Ringen glatt und dicht erscheint.) An anderer Stelle, wo es Harrison statt auf Härte vor allem auf Leichtigkeit des Materials ankam, wie bei den zentralen Radteilen, verwendete er langsam wachsende Eiche. Dieses Holz, dessen Jahresringe dichter beieinander liegen, ist stärker gemasert und nicht so schwer.

Daß Harrison hervorragende Kenntnisse auf dem Gebiet der Holzverarbeitung besaß, wird heutzutage anhand von Röntgenuntersuchungen deutlich. Klar ist auch, daß die wartungsfreie Turmuhr von Brocklesby Park sein erster großer Schritt in Richtung auf eine Schiffsuhr war. Eine Uhr ohne Öl, seinerzeit etwas Unerhörtes, würde auf See vermutlich sehr viel genauer gehen als alle Uhren, die bislang gebaut worden waren. Denn Schmieröl wurde während der Reise, je nach Temperatur, dicker oder dünner, so daß die Uhr schneller oder langsamer ging – oder überhaupt stehenblieb.

Die nächsten Uhren baute Harrison gemeinsam mit seinem Bruder James, der elf Jahre jünger, aber ein ähnlich talentierter Handwerker war. Von 1725 bis 1727 bauten die beiden zwei große Stand- oder

Großvateruhren. James Harrison signierte sie beide in fetten Buchstaben direkt auf den bemalten Holzgehäusen. Der Name John Harrison taucht nirgends auf, weder außen noch innen, aber kein Horologe der Welt zweifelt daran, daß es John war, der die Konstruktionszeichnungen angefertigt hat und die treibende Kraft war. Nach der Großzügigkeit zu urteilen, die er in späteren Jahren an den Tag legte, wollte er seinen jüngeren Bruder vielleicht ermutigen, indem er ihm erlaubte, seinen Namen auf das gemeinsame Produkt zu setzen.

Die beiden großen Standuhren waren mit zwei Neuerungen ausgestattet, dem »Rostpendel« und der »Grasshopper-Hemmung«, die eine nahezu vollkommene Ganggenauigkeit erlaubten. Warum das Rostpendel so heißt, zeigt ein Blick durch das kleine Guckloch im Gehäuse der Harrisonschen Standuhr, die in der Guildhall ausgestellt ist. Man sieht, daß das Pendel aus mehreren parallelen Stäben von unterschiedlichen Metallen besteht, die Ähnlichkeit mit einem Rost haben, wie man ihn zum Grillen verwendet. Und Hitze macht diesem Rostpendel auch tatsächlich nichts aus. Die meisten Pendel der damaligen Zeit dehnten sich bei Wärme aus, wurden also länger und gingen langsamer. Wenn sich das Pendel bei Kälte wieder zusammenzog, ging die Uhr schneller. Jedes Metall besaß diese ärgerliche Eigenschaft, doch jedes Metall hatte seine eigene, typische Verhaltensweise. Indem Harrison lange und kurze Stäbe aus zwei unterschiedlichen Metallen (Messing und Stahl) in einem Pendel verband, konnte er dieses Problem ausschalten. Bei schwankenden Temperaturen hoben sich die unterschiedlichen Ausdehnungstendenzen der Metalle auf, so daß das Pendel nie zu langsam oder zu schnell ausschlug.

Die Grasshopper-Hemmung – der Teil der Uhr, der ihren Pulsschlag reguliert – bekam diesen Namen, weil die kreuzweise angeordneten Arme, die geräuschlos und im Gegensatz zu älteren Hemmungsmodellen reibungsfrei liefen, an die Beinbewegungen von Heuschrecken erinnerten.

Die Ganggenauigkeit ihrer mit Rostpendel und Grasshopper-Hemmung versehenen Uhren überprüften die Gebrüder Harrison anhand der regelmäßigen Sternbewegungen. Als astronomisches Visier diente ihnen ein Fensterkreuz und der Schornstein des Nachbarhauses. Nacht für Nacht notierten sie, wann bestimmte Sterne hinter dem Schornstein verschwanden. Aufgrund der Erdrotation mußte jeder Stern exakt 3 Minuten und 56 Sekunden (Sonnenzeit) früher erscheinen als in der Nacht zuvor. Jede Uhr, die diesen Sternenfahrplan einhält, erweist sich als ebenso vollkommen wie Gottes prächtiges Uhrwerk selbst.

In diesen nächtlichen Versuchen betrug die Abweichung der Harrisonschen Uhren nie mehr als eine einzige *Sekunde* pro *Monat*. Demgegenüber gingen die besten Uhren der damaligen Zeit durchschnittlich eine *Minute* pro *Tag* falsch. Erstaunlicher als die bemerkenswerte Präzision dieser Harrisonschen Uhren war nur noch der Umstand, daß zwei ohne fremde Hilfe arbeitende Provinzhandwerker dieses beispiellose Resultat erreicht hatten – und nicht etwa Meister wie Thomas Tompion oder George Graham, die in den Uhrmacherzentren des kosmopolitischen London über teure Materialien und erfahrene Mechaniker verfügten.

Wie Harrison später schrieb, hatte er sich, angeregt durch Visionen vom Längengradpreis, um 1727 bereits dem speziellen Problem der Schiffsuhr zugewendet. Es war klar, daß er reich und berühmt werden konnte, wenn es ihm gelang, seine präzisen Uhren seetüchtig zu machen.

Das Problem der Schmiermittel war gelöst, er hatte ein fast reibungsfreies Uhrwerk entwickelt, das noch größere Präzision ermöglichte, und er hatte ein Pendel für alle Jahreszeiten konstruiert. Er war bereit, es mit der salzigen Meeresluft und den stürmischen Ozeanen aufzunehmen. Aber er wußte, daß er - welche Ironie! - auf sein Rostpendel verzichten mußte, wenn er die 20 000 Pfund Sterling gewinnen wollte.

Obwohl das Rostpendel an Land triumphiert hatte - Pendel blieb Pendel, und kein Pendel konnte die stürmische See überleben. Harrison überlegte sich nun, den mit einem Gewicht versehenen Pendelstab durch federnde, gegeneinander wirkende Schwingarme zu ersetzen, die noch den mächtigsten Wogen standhalten würden.

Sobald er, nach fast vier Jahren Arbeit, mit seinen neuen Konstruktionszeichnungen zufrieden war, fuhr er in das zweihundert Meilen entfernte London, um sein Projekt der Längenkommission vorzulegen.

8

Die Heuschrecke sticht in See

Wo auf dieser geschwätzigen Welt finde ich
Eine Longitüde ohne Platitüde?

Christopher Fry

Die Dame ist nicht fürs Feuer

Als John Harrison im Sommer 1730 in London eintraf, war die Längenkommission nirgends aufzufinden. Obwohl dieses ehrwürdige Gremium schon fünfzehn Jahre existierte, hatte es keine offizielle Adresse. Ja, es war überhaupt noch nie zusammengetreten.

Die Vorschläge, die der Kommission unterbreitet worden waren, hatten sich als so uninteressant und belanglos erwiesen, daß einzelne Kommissionsmitglieder den hoffnungsfrohen Erfindern einfach nur Ablehnungsbriefe geschrieben hatten. Kein einziger Plan hatte soviel Hoffnung geweckt, als daß fünf Kommissionsmitglieder – das gesetzlich vorgeschriebene Quorum – sich auch nur die Mühe gemacht hätten, zusammenzukommen und das Verfahren eingehend zu prüfen.

Harrison wußte jedoch, daß der Kommission unter anderem der berühmte Dr. Halley angehörte, weshalb er sich sofort nach Greenwich begab, um den großen Astronomen in der Königlichen Sternwarte zu besuchen.

Nach John Flamsteeds Tod im Jahre 1720 war Halley zum zweiten Königlichen Astronomen Englands ernannt worden – eine Entscheidung, bei der sich der Puritaner Flamsteed im Grabe herumgedreht hätte, denn zu Lebzeiten hatte er Halley immer wieder getadelt, er trinke Brandy und fluche »wie ein Schiffskapitän«. Und natürlich hatte er weder Halley noch dessen Komplizen Newton verziehen, daß sie seine Sternkataloge geraubt und gegen seinen Willen veröffentlicht hatten.

Halley war beliebt, freundlich zu seinen Untergebenen, und er blieb auch als Direktor der Sternwarte ein Mann mit Humor. Mit seinen Mondbeobachtungen und der Entdeckung der Eigenbewegungen der Fixsterne trug er unermeßlich zum Ruhm des Observatoriums bei – selbst wenn die Geschichte stimmen sollte, daß er und Peter der Große eines Nachts, übermütig wie Schuljungen, einander mit einem Schubkarren durch den Park kutschierten und durch Hekken schoben.

Halley empfing Harrison mit großer Höflichkeit. Er hörte aufmerksam zu, als Harrison seine neuartige Schiffsuhr beschrieb, und ließ sich die Entwürfe zeigen. Er war beeindruckt und sagte das auch. Trotzdem wußte er, daß die Längenkommission eine mechanische Lösung für ein – aus ihrer Sicht – rein astronomisches Problem nicht akzeptieren würde. Die Kommission hatte, wie schon gesagt, ein Übergewicht an Astronomen, Mathematikern und Navigatoren. Halley selbst verbrachte den größten Teil seiner Zeit mit der Beobachtung der Mondbewegungen, um die Methode der Monddistanzen zur Längenbestimmung zu vervollkommnen. Er war aber durchaus aufgeschlossen für andere Ansätze.

Statt Harrison direkt in die Höhle des Löwen zu schicken, schlug er ihm vor, zunächst den bekannten Uhrmacher George Graham aufzusuchen. George Graham (der »Ehrliche«, wie er später genannt wurde) würde Harrisons Entwurf am ehesten beurteilen können. Zumindest war er in der Lage, die Feinheiten der Konstruktion zu verstehen.

Harrison befürchtete zwar, Graham werde ihm die Idee stehlen, hielt sich aber trotzdem an Halleys Rat. Was hätte er sonst auch tun sollen?

Am Ende eines langen Tages sagte ihm der etwa zwanzig Jahre ältere Graham seine Unterstützung zu. Harrison schilderte ihre erste Begegnung in seiner unnachahmlichen Sprache: »Mr. Graham verhielt sich, wie ich fand, zunächst sehr unfreundlich zu mir, welches mich wohl gerne veranlaßt hätte, ebenfalls grob zu werden; doch wie auch immer, schließlich brach das Eis ... und am Ende zeigte er sich in der Tat überaus erstaunt über die Gedanken oder Methoden, die ich ersonnen.«

Harrison traf um zehn Uhr vormittags bei Graham ein, und um acht Uhr abends fachsimpelten die beiden noch immer. Graham, der große Instrumentenmacher, Mitglied der Royal Society, bat Harrison, den Dorftischler, zum Essen zu bleiben. Als Harrison sich schließlich verabschiedete, bekam er jede erdenkliche Ermutigung mit auf den Weg, einschließlich eines großzügigen zinslosen Darlehens, mit dessen Rückzahlung es keine Eile hatte.

In den nächsten fünf Jahren arbeitete Harrison an seiner ersten Schiffsuhr, die später unter der Bezeichnung Harrisons Nr. 1 (H-1) bekannt wurde, da sie das erste von mehreren Modellen war. Sein Bruder James half ihm, obschon die Uhr seltsamerweise von keinem der Brüder signiert wurde. Das Werk bestand aus hölzernen Zahnrädern, wie das schon bei den älteren Uhren der Harrisons der Fall gewesen war. Aber im ganzen hatte dieser Apparat keine Ähnlichkeit mit irgendeiner Uhr, die vorher oder später konstruiert wurde.

Mit ihrem breiten Gestell den hoch herausragenden Teilen und den in merkwürdigen Winkeln hervorstehenden Schwingarmen erinnert diese aus glänzendem Messing gebaute Uhr an ein antikes Schiff, das nie existiert hat. Sie sieht aus wie eine Kreuzung aus Galeere und Galeone mit hohem, dekorativem Bug, zwei aufragenden, segellosen Masten und knaufartig zulaufenden Messingrudern, die von Reihen unsichtbarer Männer gepullt zu werden scheinen. Es ist ein Schiffsmodell, das aus seiner Flasche entwichen ist und auf dem Zeitenmeer treibt.

Daß dieser Apparat der Zeitmessung dient, machen die Zifferblätter an der Vorderseite der H-1 deutlich. Ein Zifferblatt zeigt die Stunden an, ein zweites die

Minuten, ein drittes die Sekunden und ein viertes schließlich die Tage. Das Erscheinungsbild dieser insgesamt vor Kompliziertheit geradezu strotzenden Maschine deutet indessen an, daß sie mehr ist als nur eine perfekte Uhr. Die großen Spiralfedern und die ungewöhnliche Maschinerie verlocken den Betrachter, das Ding zu kapern und damit in eine andere Zeit zu reisen. Kein phantasievoller Film über Zeitreisen hat allen Bemühungen Hollywoods zum Trotz jemals eine überzeugendere Zeitmaschine hervorgebracht.

Die H-1, etwa zweiunddreißig Kilogramm schwer, wurde von den Harrisons in einem Gehäuse untergebracht, das 1,20 m hoch, breit und tief war. Möglicherweise sollte es die irritierende Form der Uhr verbergen. Von außen war vermutlich nur die Vorderseite mit den vier runden Zifferblättern zu sehen, eingerahmt von acht Engeln und vier Kronen in einem Gewirr von verschlungenen, blattlosen Ranken. Dieses Gehäuse ist aber genauso verschollen wie die seiner frühen Uhren, so daß jetzt jeder Besucher die Werke betrachten kann. Die H-1 befindet sich heute in einer Panzerglasvitrine im National Maritime Museum in Greenwich, wo sie zur großen Freude der Besucher in reibungsfreiem Glanz (täglich aufgezogen) noch immer klaglos läuft. Die dekorative Vorderansicht harmo-

niert allerdings nicht so recht mit dem Werkskelett – sie wirkt wie eine gutgekleidete Frau hinter einem Röntgenschirm, der ihr schlagendes Herz entblößt.
Die H-1 war von Anfang an ein Kontrastprogramm. Sie war ein Kind ihres Zeitalters und doch ihrer Zeit voraus, und als sie erschien, war die Welt des Wartens schon müde. Sie erfüllte zwar ihre Aufgabe, aber mit so unglaublicher Präzision, daß die Leute verwirrt waren.
Die Gebrüder Harrison erprobten die H-1 an Bord eines Lastkahns auf dem Humber. 1735 schaffte John sie dann nach London und führte sie George Graham vor. Dieser präsentierte die wunderbare Schiffsuhr hocherfreut nicht etwa der Längenkommission, sondern der Royal Society, die sie wie einen Helden empfing. Nach Absprache mit Halley und drei weiteren, ebenso beeindruckten Fellows schrieb Graham dann diese beglaubigenden Worte über die H-1 und ihren Erbauer:

»John Harrison hat mit viel Mühe und unter großem finanziellen Aufwand eine Maschine zur Zeitmessung auf See ersonnen und ausgeführt, deren Prinzip uns ein sehr hohes und ausreichendes Maß an Genauigkeit zu versprechen scheint. Wir sind der Ansicht, daß sie staatliche Unterstützung verdient, damit eine gründliche Erprobung und eine Verbesserung ihrer einzelnen Vorrichtungen erfolgen kann. Dergestalt ließen sich die Unregelmäßigkeiten der Zeitmessung verhindern, die naturgemäß aus den Schwankungen von Wärme und Kälte, feuchter und trockener Luft und den unterschiedlichen Bewegungen des Schiffes resultieren.«

Trotz des großen Aufsehens verging noch ein Jahr, ehe die Admiralität es schaffte, einen Termin für die offizielle Erprobung festzusetzen. Und statt die H-1 nach den Westindischen Inseln zu schicken, wie es im Longitude Act vorgeschrieben war, mußte Harrison seine Uhr an Bord der *H. M. S. Centurion* bringen, die nach Lissabon gehen sollte. Am 14. Mai 1736 ließ Sir Charles Wager, der Erste Seelord, Kapitän Proctor von der *Centurion* das folgende Schreiben überbringen:

»Sir, das Instrument, das an Bord Eures Schiffes gebracht wurde, ist von allen Mathematikern der Stadt, die es gesehen haben (und nur wenige haben es nicht gesehen), als das beste bezeichnet worden, das zum Zwecke der Zeitmessung jemals gebaut wurde; wie es sich auf See verhält, werdet Ihr beurteilen können. Ich habe an Sir John Norris geschrieben und ihn gebeten, das Instrument und dessen Erbauer (der, wie ich glaube, bei Euch an Bord ist) mit dem ersten verfügbaren Schiff zurückzuschicken. ... Der Mann soll nach Ansicht derjenigen, die ihn kennen, ein sehr tüchtiger und vernünftiger Erfinder sein und imstande, mit entsprechender Unterstützung noch mehr herauszufinden, als ihm bereits gelungen ist; ich ersuche Euch daher, den Mann höflich zu behandeln und ihm so freundlich zu begegnen wie nur irgend möglich.«

Kapitän Proctor antwortete prompt:

»Das Instrument befindet sich in meiner Kabine, damit der Mann seine Observationen unter günstigen Bedingungen anstellen kann. Ich finde ihn sehr nüchtern, sehr fleißig und obendrein sehr bescheiden, so daß meine guten Wünsche ihn begleiten. Aber die Schwierigkeit, die Zeit genau zu messen, da dem so viele ungleichmäßige Erschütterungen und Bewegungen entgegenstehen, bereitet mir Sorge um den rechtschaffenen Mann, und ich fürchte, er hat sich Unmögliches vorgenommen. Doch ich werde, Sir, alles für ihn tun und ihm alle Hilfe zuteil werden lassen, die in meiner Macht steht, und ihm von dem Anteil berichten, den Ihr an seinem Erfolg nehmt, und von Eurem Wunsch, daß er wohl behandelt werden möge ...«.

Um die Präzision von Harrisons Maschine hätte sich Proctor nicht zu sorgen brauchen. Es war der Magen, der Harrison zu schaffen machte. Während der rauhen Überfahrt stand der Uhrmacher fast die ganze Zeit an der Reling, wenn er sich nicht gerade um seine Uhr kümmerte, die sich in der Kajüte des Kapitäns befand. Wie schade, daß Harrison sich nicht selber mit den beiden Schwingstäben und den vier Spiralfedern ausstatten konnte, die während der gesamten Fahrt einen erschütterungsfreien Gang des Uhrwerks ermöglichten. Zum Glück bliesen starke Winde die *Centurion* in nur einer Woche nach Lissabon.

Der gute Kapitän Proctor starb plötzlich bei der Ankunft, noch ehe er einen schriftlichen Bericht verfaßt hatte. Nur vier Tage später wurde Roger Wills, Kapitän der *H. M. S. Orford*, angewiesen, Harrison nach England zurückzubringen. Laut Wills' Aufzeichnungen war das Wetter »sehr gemischt, Sturm und Flaute in raschem Wechsel«, so daß er für die Rückfahrt vier Wochen brauchte.

Als sich das Schiff schließlich der englischen Küste näherte, glaubte Wills aufgrund seiner Berechnungen, sich vor Start Point zu befinden, einer Landzunge bei Dartmouth. Harrison hielt dagegen, daß es sich nach seinen Berechnungen mit der Schiffsuhr um Lizard

Point handeln müsse, mehr als sechzig Meilen weiter westlich. Und genauso war es.

Diese Korrektur beeindruckte Kapitän Wills außerordentlich. Später gab er in einer eidesstattlichen Erklärung seinen Navigationsfehler zu und lobte Harrisons präzisen Zeitmesser. Für Harrison war dieses Zeugnis vom 24. Juni 1737 ein Schulterklopfen von professioneller Seite und zugleich der Auftakt zu einer glanzvollen Woche, denn am 30. Juni traten die Mitglieder der Längenkommission zum ersten Mal zusammen – dreiundzwanzig Jahre nach ihrer Einsetzung! –, und zwar aufgrund seiner wunderbaren Maschine.

Harrison trat mit seiner H-1 vor die achtköpfige Kommission, die sein Werk zu beurteilen hatte. Er erkannte mehrere wohlwollende Gesichter unter ihnen. Neben Dr. Halley, den er bereits auf seiner Seite wußte, sah er Sir Charles, den Ersten Seelord, der sich am Vorabend der Jungfernfahrt der H-1 für eine freundliche Behandlung seiner Person eingesetzt hatte. Und da war Admiral Norris, der Kommandeur der Flotte in Lissabon, der Harrisons Rückfahrt auf der *Orford* arrangiert hatte. Unterstützung konnte er auch von den beiden anwesenden Hochschullehrern erwarten, Dr. Robert Smith, Astronomieprofessor in Cambridge, und Dr. James Bradley, Astronomieprofessor in Oxford, die das Beglaubigungsschreiben mit unterzeichnet hatten, das Graham im Namen der Royal Society verfaßt hatte. Dr. Smith teilte sogar Harrisons musikalische Interessen und vertrat ebenfalls eine eigenwillige Tonleitertheorie. Zu den Vertretern der Wissenschaft gehörte auch Sir Hans Sloane, der Präsident der Royal Society. Die beiden übrigen Kommissionsmitglieder kannte Harrison nicht. Sie repräsentierten die politische Macht – Arthur Onslow, der Speaker des Unterhauses, und Lord Monson, der Commissioner of Lands and Plantations.

Harrison hatte alles zu gewinnen. Mit seinem kostbaren Besitz stand er vor einer Gruppe von Wissenschaftlern und Politikern, die alle durchaus geneigt waren, stolz auf das zu sein, was er für König und Vaterland getan hatte. Mit Fug und Recht durfte er eine Erprobungsfahrt zu den Westindischen Inseln verlangen, um nachzuweisen, daß die H-1 die 20 000 Pfund Sterling wert war, die im Longitude Act versprochen worden waren. Aber er war zu sehr ein Perfektionist, um sich damit zufriedenzugeben.

Statt dessen wies Harrison auf die Schwachpunkte der H-1 hin. Er war überhaupt der einzige Anwesende, der Kritik an der Schiffsuhr übte, die auf der Probefahrt von London nach Lissabon und zurück nicht mehr als ein paar Sekunden Abweichung pro vierundzwanzig Stunden gezeigt hatte. Gleichwohl erklärte er, daß seine Uhr noch immer einige »Mängel« offenbare, die er zu korrigieren gedenke. Er räumte ein, daß der Mechanismus noch nicht ausgereift sei. Auch könne er die Uhr wesentlich kleiner machen. Wenn die Kommission sich imstande sehe, ihm etwas Geld zukommen zu lassen, könne er noch einmal zwei Jahre in die Entwicklung eines zweiten, verbesserten Modells stecken. Und dann würde er wieder vor die Kommission treten und eine offizielle Erprobungsfahrt zu den Westindischen Inseln verlangen. Jetzt aber noch nicht.

Die Kommission billigte einen Vorschlag, den sie nicht ablehnen konnte. Und von den 500 Pfund, die Harrison als Unterstützung beantragt hatte, sollte er die Hälfte, das versprach die Kommission, so bald wie möglich bekommen. Die zweite Hälfte könne er anfordern, sobald er das fertige Erzeugnis einem Kapitän der Royal Navy zur Erprobung übergeben habe. Wenn es soweit sei, hieß es im Protokoll der Sitzung, könne Harrison den neuen Zeitmesser persönlich zu den Westindischen Inseln begleiten oder aber eine »vertrauenswürdige Person« entsprechend beauftragen. (Vielleicht hatten die Kommissionsmitglieder ja von

Harrisons Seekrankheit gehört und trafen bereits Vorsorge.)
Schließlich noch eine letzte Bestimmung: Nach beendeter Erprobung sollte Harrison seine zweite Uhr, zusammen mit der ersten, »staatlichen Zwecken zur Verfügung stellen«.
Ein besserer Geschäftsmann hätte sich gegen diesen Punkt wohl gewehrt. Harrison hätte nämlich einwenden können, daß die Kommission zwar einen Anspruch auf die von ihr geförderte zweite Uhr hatte, nicht jedoch auf das erste Modell, das er auf eigene Kosten gebaut hatte. Statt sich aber auf einen kleinlichen Streit um Besitzrechte einzulassen, betrachtete er das Interesse der Kommission als Ermutigung. Für ihn ergab sich daraus, daß er nunmehr in Diensten der Kommission stand – wie ein Künstler, der den Auftrag bekam, ein großes Gemälde für den Thron anzufertigen – und daß er mit einem fürstlichen Lohn rechnen durfte.
Diese Sichtweise drückte sich auch in der etwas pompösen Widmung aus, die er auf der Vorderseite der zweiten Uhr anbrachte. Über dem nüchternen, schmucklosen Zifferblatt der H-2 brachte er eine reichverzierte silberne Tafel an, auf der die folgende Inschrift eingraviert ist: »Angefertigt für Seine Maje-

stät Georg II., im Auftrag einer Kommission, ergangen den 30sten Juni 1737.« Falls aber Harrison irgendwelche Illusionen über die Bedeutung der H-2 gehegt hatte, so zerstörte er sie selbst recht bald. Als er die neue Uhr im Januar 1741 der Längenkommission präsentierte, war er schon nicht mehr zufrieden. Sein Auftritt unterschied sich daher kaum von der Art und Weise, wie er seine erste Uhr präsentiert hatte. Eigentlich wollte er nur mit dem Segen der Kommission nach Hause fahren und es noch einmal versuchen. Folglich wurde die H-2 nie auf See erprobt.

Die zweite Uhr, ein neununddreißig Kilogramm schwerer Messingapparat (der jedoch, wie versprochen, in ein kleineres Gehäuse paßte), war in jeder Hinsicht so ungewöhnlich wie die erste. Sie enthielt mehrere Verbesserungen – unter anderem einen Mechanismus für einen gleichmäßigeren Antrieb und eine reaktionsfähigere Temperaturkompensation –, die jede für sich eine kleine Revolution darstellten. Auch bestand die Maschine einige strenge Prüfungen mit fliegenden Fahnen. Im Jahresbericht der Royal Society für 1741/42 steht, daß die H-2 großer Hitze und Kälte ausgesetzt wurde und »stundenlangen Erschütterungen, die sehr viel heftiger waren als das, was die Bewegung eines Schiffes bei Sturm bewirken würde«.

Die H-2 überstand nicht nur diese Tortur, sondern erhielt auch die volle Unterstützung der Royal Society: »Und das Ergebnis dieser Experimente (soweit das ohne Erprobung zur See festgestellt werden kann) ist das folgende: Der Gang dieser Uhr ist hinreichend regelmäßig und exakt, um die Länge eines Schiffes innerhalb der vom Parlament festgelegten Grenzen zu bestimmen und wahrscheinlich sogar noch viel genauer.«

Für Harrison jedoch war das alles nicht gut genug. Die Obsession, mit der er seine hervorragendsten Erfindungen ersann – nur seinen eigenen Vorstellungen folgend, unabhängig von der Meinung anderer –, machte ihn taub für Anerkennung. Es war doch ganz egal, was die Royal Society von der H-2 hielt, wenn die Uhr seinen eigenen Ansprüchen nicht genügte!

Der achtundvierzigjährige Harrison, der mittlerweile in London wohnte, verschwand wieder in seiner Werkstatt und arbeitete die nächsten zwanzig Jahre hindurch an der H-3, die er seine »kuriose dritte Maschine« nannte. Er gab kaum ein Lebenszeichen von sich und tauchte nur auf, um bei der Kommission gelegentliche Fördergelder in Höhe von 500 Pfund abzuholen. Dann beschäftigte er sich wieder mit dem Problem, die stabförmigen Unruhen der ersten beiden

Zeitmesser in die runden Unruhreife zu verwandeln, die die dritte Uhr charakterisierten.

Unterdessen stand die H-1 weiterhin im Rampenlicht. Graham hatte sich die große Uhr von Harrison ausgeliehen und stellte sie in seinem Geschäft aus. Menschen kamen aus dem ganzen Land, um sie zu sehen.

Pierre Le Roy aus Paris, der den Titel des Königlichen Uhrmachers verdientermaßen von seinem Vater Julien Le Roy geerbt hatte, stattete der H-1 im Jahre 1738 seinen Besuch ab und erwies ihr seinen Tribut. Er bezeichnete die Uhr als »außerordentlich einfallsreiche Erfindung«. Le Roys Erzrivale, der Schweizer Uhrmacher Ferdinand Berthoud, äußerte sich ähnlich, als er die H-1 im Jahre 1763 sah.

Der englische Maler William Hogarth, dessen Besessenheit von Fragen der Zeit und Zeitmessung wohlbekannt war und der seine berufliche Laufbahn tatsächlich als Graveur von Taschenuhrgehäusen begonnen hatte, interessierte sich lebhaft für die H-1. In seinem populären Werk *Leben eines Wüstlings* (1735) hatte Hogarth einen »Längengradverrückten« porträtiert, der eine dümmliche Lösung des Längenproblems an die Wand der Irrenanstalt malt. Dank der H-1 wurde das ganze Längengradthema nicht mehr auf der Ebene von Witzen behandelt, sondern von Künstlern und Wissenschaftlern auf höchstem Niveau diskutiert. In seiner 1753 veröffentlichten Schrift *The Analysis of Beauty* (Die Analyse der Schönheit) bezeichnete Hogarth die H-1 als »eines der exquisitesten Uhrwerke, die je hergestellt wurden«.

9

Die Zeiger der Himmelsuhr

Der wandernde Mond stieg am Himmel auf,
Und nirgends verweilte er,
Voller Stille war sein Lauf,
Und mit ihm gingen ein, zwei Sterne.

Samuel Taylor Coleridge

The Rime of the Ancient Mariner

Der wandernde Mond – voll, halb, als Sichel – leuchtete für die Navigatoren des achtzehnten Jahrhunderts nun endlich wie ein heller Zeiger der Himmelsuhr. Das weite Himmelszelt war das Zifferblatt, während Sonne, Planeten und Sterne die Zahlen auf sein Antlitz malten.

Ein Seefahrer konnte allerdings den Stand dieser Himmelsuhr nicht mit einem raschen Blick erfassen, sondern nur mit komplizierten Beobachtungsinstrumenten, deren Messungen sicherheitshalber bis zu sieben Malen wiederholt und miteinander verglichen wurden, sowie mit Logarithmentafeln, die weit im voraus von menschlichen Rechnern für die Seefahrer zusammengestellt worden waren. Man benötigte etwa vier Stunden, um die Zeit von der Himmelsuhr abzulesen – das heißt, wenn das Wetter gut war. Wenn Wolken erschienen, verbarg sich die Uhr hinter ihnen.

Die Himmelsuhr war John Harrisons Hauptkonkurrent im Kampf um den Längenpreis. Die Methode der Monddistanzen, der die Berechnung der Mondbahn zugrunde lag, war die einzige vernünftige Alternative zu Harrisons Zeitmessern. Es ist ein merkwürdiges Zusammentreffen, daß Harrison seine Schiffsuhren genau in dem historischen Moment vorstellte, da Wissenschaftler endlich all die Theorien, Instrumente und Daten zusammengetragen hatten, die notwendig waren, um die Himmelsuhr gebrauchen zu können.

In der Bestimmung der Länge auf See, einem Bereich menschlichen Strebens, in dem seit Jahrhunderten kein Fortschritt zu verzeichnen gewesen war, wetteiferten plötzlich zwei rivalisierende, offenbar gleich gute Methoden miteinander. Die Perfektionierung dieser beiden Verfahren vollzog sich, auf parallelen Bahnen, zwischen den dreißiger und sechziger Jahren des achtzehnten Jahrhunderts. Harrison, der Eigenbrötler, verfolgte seinen eigenen Weg durch ein Labyrinth von Uhrwerken, während seine Gegenspieler, die Professoren für Astronomie und Mathematik, den Kaufleuten, Seeleuten - und dem Parlament - den Mond versprachen.

1731, ein Jahr, nachdem Harrison die Bauanleitung für die H-1 in Wort und Bild niedergelegt hatte, schufen zwei Erfinder - ein Amerikaner und ein Engländer - unabhängig voneinander jenes lang ersehnte Instrument, auf das die Methode der Monddistanzen angewiesen war. In den Annalen der Wissenschaftsgeschichte gelten John Hadley, ein englischer Landedelmann, der das Instrument als erster der Royal Society vorführte, und Thomas Godfrey, ein armer Glaser aus Philadelphia, der fast zeitgleich dieselbe Idee hatte, als seine gleichberechtigten Erfinder. (Später stellte sich heraus, daß auch Sir Isaac Newton ein ganz ähnliches Instrument skizziert hatte, aber die Zeichnung fand sich erst lange nach seinem Tod in einem Berg von Papieren, die er Halley hinterlassen hatte. Auch Halley selbst, wie zuvor schon Robert Hooke, hatte ähnliche Entwürfe für den gleichen Zweck zu Papier gebracht.)

Die meisten englischen Seeleute bezeichneten den

Quadranten natürlich als Hadleyschen und nicht als Godfreyschen Quadranten. Manche nannten ihn auch auch Oktant, weil die gebogene Skala einen Achtelkreis bildete. Andere bezeichneten ihn, unter Verweis auf die beiden Spiegel, die das Instrument doppelt so leistungsfähig machten, als »Spiegelquadranten«. Ganz gleich, unter welchem Namen – das Instrument half den Seeleuten bald, Breite *und* Länge zu bestimmen.

Ältere Visierinstrumente, vom Astrolab bis zum Jakobsstab, waren seit Jahrhunderten zur Bestimmung von Breite und Ortszeit verwendet worden, indem man den Stand der Sonne oder eines bestimmten Sterns über dem Horizont maß. Doch der neue, mit zwei Spiegeln versehene Quadrant erlaubte es, den Stand von zwei Himmelskörpern sowie die Entfernung zwischen ihnen zu messen. Mochte das Schiff noch so stampfen und schlingern, die vom Navigator anvisierten Objekte behielten, aufeinander bezogen, ihre Position. Zudem war der Hadleysche Quadrant mit einem künstlichen Horizont ausgestattet, der sich als Lebensretter erwies, wenn der tatsächliche Horizont bei Dunkelheit oder Nebel verschwand. Aus dem Quadranten entwickelte sich rasch ein noch genaueres Gerät, der Sextant, der mit einem Teleskop und einer größeren Meßskala ausgestattet war. Diese

Verbesserungen erlaubten es, die sich ständig wandelnden Entfernungen zwischen Mond und Sonne beziehungsweise zwischen Mond und Sternen nach Einbruch der Dunkelheit exakt zu bestimmen.

Mit detaillierten Sternenkarten und einem zuverlässigen Instrument konnte ein guter Navigator jetzt auf dem Deck seines Schiffes stehen und die Monddistanzen messen. (Sorgfältigere Navigatoren setzten sich, um eine ruhigere Hand zu haben, und die ganz Pingeligen legten sich auf den Rücken.) Dann konsultierte er eine Tabelle, in der die Winkelabstände zwischen dem Mond und verschiedenen Himmelskörpern zu den verschiedenen Tageszeiten angegeben waren, wie sie in London oder Paris festgestellt werden könnten. (Wie der Begriff impliziert, werden Winkelabstände in Grad ausgedrückt. Sie bezeichnen die Größe des Winkels zweier Visierlinien, die vom Auge des Beobachters zu den beiden angepeilten Objekten verlaufen.) Wenn der Mond beispielsweise in einem Winkel von dreißig Grad zu Regulus stand, dem Stern im Herzen des Sternbilds Löwe, verglich der Navigator seine Ortszeit mit der für den Heimathafen vorausberechneten Zeit dieser speziellen Position. Wenn die Beobachtung unseres Navigators um ein Uhr nachts Ortszeit stattfand und dieselbe Konstellation über

London laut Tabelle für vier Uhr morgens angegeben war, dann war das Schiff der Londoner Zeit drei Stunden hinterher – befand sich also auf einer Länge von fünfundvierzig Grad westlich von London.

»He da, alter Junge, rauchst du?« ruft eine freche Sonne in einer Londoner Zeitungskarikatur, die die Methode der Monddistanzen darstellte, dem Mond zu. »Nein, du Scheusal«, erwidert der scheue Mond, »halt dich auf Distanz!«

Der Hadleysche Quadrant stützte sich auf die Vorarbeiten von Astronomen, die die Positionen der Fixsterne auf dem himmlischen Zifferblatt bestimmt hatten. Allein John Flamsteed widmete dem monumentalen Projekt der Himmelsvermessung rund vierzig Jahre seines Lebens. Als erster Königlicher Astronom führte er 30 000 einzelne Beobachtungen durch, allesamt genau protokolliert und mit Teleskopen bestätigt, die er selbst baute oder von seinem eigenen Geld kaufte. In Flamsteeds Katalog waren dreimal so viele Sterne verzeichnet wie in dem Sternatlas, den Tycho Brahe im dänischen Uranienborg kompiliert hatte, und seine Angaben waren um ein vielfaches präziser.

Da Flamsteed sich auf den Himmel über Greenwich beschränken mußte, sah er nicht ungern, daß der flamboyante Halley im Jahre 1676, unmittelbar nach der Gründung der Königlichen Sternwarte, in Richtung Südatlantik aufbrach. Halley errichtete auf St. Helena ein Miniatur-Greenwich. Es war der richtige Ort, aber leider die falsche Atmosphäre, so daß Halley durch den Dunst über St. Helena nur 341 neue Sterne entdeckte. Gleichwohl trug ihm das den schmeichelhaften Ruf eines »Tycho des Südens« ein.

Während seiner eigenen Amtszeit als Königlicher Astronom, von 1720 bis 1742, beschäftigte sich Halley ausgiebig mit der Mondbahn. Die Vermessung des Himmels war schließlich nur ein Vorspiel zu der viel größeren Herausforderung, den Weg des Mondes durch die Sternfelder zu verzeichnen.

Der Mond bewegt sich auf einer elliptischen Bahn um die Erde, so daß sich seine Entfernung zur Erde und seine Relation zu den Sternen im Hintergrund ständig ändert. Und da sich überdies die Variationen der Mondbewegung über jeweils achtzehn Jahre nahezu zyklisch wiederholen, kann eine vernünftige Vorausberechnung der Mondbahn nur auf der Grundlage von Daten erfolgen, die über mindestens achtzehn Jahre hinweg gesammelt wurden.

Halley beobachtete den Mond nicht nur Tag und Nacht, sondern studierte auch alte Dokumente über

Mond- und Sonnenfinsternisse, um Hinweise zur Mondumlaufbahn zu gewinnen. Alles, was er an Daten finden konnte, mochte ihm helfen, die Tabellen aufzustellen, die von den Navigatoren benötigt wurden. Halley schloß aus diesen Quellen, daß die Geschwindigkeit, mit der sich der Mond um die Erde bewegte, im Laufe der Zeit zunahm. (Heute sagen die Wissenschaftler, daß sich der Mond nicht schneller bewegt, sondern daß sich die Erdrotation infolge der Gezeitenreibung verlangsamt, aber Halley hatte recht, wenn er eine relative Veränderung feststellte.)

Noch vor seiner Ernennung zum Königlichen Astronomen hatte Halley die Rückkehr jenes Kometen vorausgesagt, der seinen Namen unsterblich machen sollte. 1718, nur hundert Jahre nach Tycho Brahes Sternatlas, bewies er überdies, daß drei der hellsten Sterne in den zwei Jahrtausenden seit ihrer Entdekkung durch griechische und chinesische Astronomen ihre Position verändert hatten. Den Seefahrern versicherte er indessen, daß diese »Eigenbewegung« der Fixsterne, obschon eine seiner größten Entdeckungen, über Äonen hinweg kaum wahrnehmbar sei und den Nutzen der Himmelsuhr nicht beeinträchtige.

Im Alter von dreiundachtzig Jahren wollte Halley, noch immer ein rüstiger Mann, die Fackel des Königlichen Astronomen an James Bradley, seinen rechtmäßigen Erben, übergeben, doch König Georg II. wollte davon nichts hören. Erst nach Halleys Tod knapp zwei Jahre später, nur wenige Wochen nach dem Neujahrstag 1742, konnte Bradley sein Amt antreten. Für John Harrison, den Halley stets bewundert hatte, verhieß dieser Amtswechsel nichts Gutes. Bradley hatte sich zwar im Jahre 1735 für die Schiffsuhr eingesetzt, aber alles, was außerhalb der Astronomie lag, interessierte ihn im Grunde nicht.

Bradley hatte sich schon in frühen Jahren mit seinem Versuch, die Entfernung zu den Sternen zu messen, einen Namen gemacht. Obschon ihm eine genaue Berechnung nicht gelang, erbrachte seine Arbeit mit einem gut sieben Meter langen Fernrohr den ersten konkreten Beweis dafür, daß sich die Erde tatsächlich durch den Raum bewegte.

Im Zusammenhang mit dem gescheiterten Versuch, stellare Distanzen zu messen, ermittelte Bradley auch einen neuen Wert der Lichtgeschwindigkeit, der etwas genauer war als die ältere Schätzung von Ole Römer. Bradley berechnete außerdem den erstaunlichen Durchmesser des Jupiter und entdeckte kleinste Verschiebungen in der Neigung der Erdachse, die er korrekterweise der Anziehungskraft des Mondes zuschrieb.

Sobald Bradley sich in Greenwich als Königlicher Astronom etabliert hatte, betrachtete er, wie zuvor schon Flamsteed und Halley, die Verbesserung der Navigation als seine Hauptaufgabe. Mit seinen Präzisionskarten des Himmels – und seiner bescheidenen Ablehnung einer Gehaltserhöhung – übertraf er noch den pflichtgetreuen Flamsteed, der sein Leben den Sternkatalogen gewidmet hatte.

Aber auch in der Pariser Sternwarte lag man nicht auf der faulen Haut. 1750 brach der Astronom Nicolas Louis de Lacaille zum Kap der Guten Hoffnung auf, um dort weiterzumachen, wo Halley Jahre zuvor aufgehört hatte. An die zweitausend Sterne wurden von ihm katalogisiert. Lacaille drückte dem Himmel der südlichen Hemisphäre seinen Stempel auf, indem er mehrere neue Sternbilder entdeckte, die er nach den Größen seines eigenen Pantheons benannte – Telescopium, Microscopium, Sextans und Horologium.

Auf diese Weise errichteten die Astronomen einen der drei Pfeiler, welche die Methode der Monddistanzen trugen: Sie ermittelten die Positionen der Sterne und studierten die Bahn des Mondes. Erfinder hatten den zweiten Pfeiler geliefert – das technische Mittel, mit dem Seeleute die entscheidenden Distanzen zwischen Mond und Sonne oder anderen Sternen messen konnten. Zur Vervollkommnung der Methode fehlten jetzt nur noch die zeitlich geordneten Mondtabellen, anhand derer man die gemessenen Entfernungen in Längengrad-Positionen übersetzen konnte. Die Erarbeitung dieser Mondephemeriden erwies sich als der schwierigste Teil des Problems. Die Kompliziertheit der Mondumlaufbahn erschwerte jeden Fortschritt bei der Vorausberechnung der Winkelabstände des Mondes zur Sonne und zu den Sternen.

Bradley nahm daher mit großem Interesse die Mondtabellen des deutschen Mathematikers und Astronomen Johann Tobias Mayer auf, der behauptete, dieses fehlende Glied gefunden zu haben. Mayer glaubte auch, den Längengradpreis beanspruchen zu können, weshalb er seine Tabellen nebst einem neuen kreisförmigen Beobachtungsinstrument an Lord Anson schickte, der der Längenkommission angehörte (der nämliche George Anson, inzwischen Erster Seelord, der die *Centurion* 1741 auf ihrer dramatischen Fahrt zum Südpazifik über Kap Hoorn nach Juan Fernandez geführt hatte). Admiral Lord Anson reichte die Tabellen zur Begutachtung an Bradley weiter.

Mayer, der in Nürnberg tätig war, berechnete genaue Koordinaten für die vom Homannschen Landkarteninstitut veröffentlichten Karten. Dazu zog er unter anderem die Daten von Mondfinsternissen und Sternbedeckungen heran. Obwohl Mayer hauptsächlich Landkarten erarbeitete, mußte er sich genau wie ein Seemann bei seinen Positionsberechnungen auf den Mond stützen. Und da er die Mondpositionen so oft vorausbestimmen mußte, erfand er ein Hilfsmittel, das sich direkt auf das Längengradproblem auswirkte: Er schuf die erste Tabelle, welche die Mondpositionen in Zwölf-Stunden-Abständen angab. Wertvolle Dienste leistete ihm dabei seine langjährige Korrespondenz mit dem Schweizer Mathematiker Leonhard Euler, der die relativen Bewegungen von Sonne, Erde und Mond in einer Reihe eleganter Gleichungen zusammengefaßt hatte.

Bradley maß die Mayerschen Projektionen der Mondbewegung an Hunderten von Beobachtungen, die er selbst in Greenwich machte. Die Vergleiche elektrisierten ihn, weil Mayer sich nie um mehr als anderthalb Bogenminuten geirrt hatte. Diese Präzision bedeutete, daß man die Länge bis auf einen halben Grad Abweichung genau bestimmen konnte – und das war die magische Zahl für den höchsten Preis der Längenkommission. 1757, noch im selben Jahr, in dem er die Tabellen erhalten hatte, ließ Bradley sie von Kapitän

John Campbell an Bord der *Essex* auf See prüfen. Wiederholte Erprobungen wurden, trotz des Siebenjährigen Krieges, in bretonischen Küstengewässern durchgeführt, und die Methode der Monddistanzen schien neue Hoffnungen zu wecken. Als Mayer 1762 neununddreißigjährig an einer Infektion starb, sprach die Längenkommission seiner Witwe in Anerkennung seiner Verdienste 3000 Pfund zu. Noch einmal 300 Pfund gingen an Leonhard Euler.

So wurde die Methode der Monddistanzen überall auf der Welt von unabhängig arbeitenden Forschern propagiert, und jeder steuerte seinen kleinen Anteil zu einem Projekt von ungeheuren Dimensionen bei. Kein Wunder, daß überall nur noch von diesem Verfahren geredet wurde.

Selbst die Schwierigkeit, Monddistanzen zu messen, erhöhte das Ansehen der Methode. Ein Navigator mußte ja nicht nur die Höhen der verschiedenen Himmelskörper und den Winkelabstand zwischen ihnen messen, sondern auch berücksichtigen, daß die Brechung des Lichts am Horizont die Gestirne dort scheinbar in größerer Höhe stehen ließen, als es in Wirklichkeit der Fall war. Auch mit dem Problem der Mondparallaxe mußte man sich herumschlagen, da die Tabellen für einen Beobachter am Erdmittelpunkt formuliert waren, während ein Schiff sich natürlich auf Meereshöhe bewegt. Außerdem war zu beachten, daß der Seemann auf dem Achterdeck gut sieben Meter hoch stehen mochte. All diese Faktoren mußten entsprechend einkalkuliert werden. Wer mit diesen geheimnisvollen mathematischen Daten umgehen konnte und zugleich seefest war, konnte sich zu Recht beglückwünschen.

Die Admiräle und Astronomen der Längenkommission sprachen sich trotzdem schon früh für die – noch keineswegs ausgereifte – Methode der Monddistanzen aus, in der sie das logische Ergebnis ihrer eigenen Erfahrungen mit Meer und Himmel sahen. Ende der 1750er Jahre – nachdem zahlreiche Personen zu diesem bedeutenden internationalen Projekt beigetragen hatten – schien die Methode endlich vor der praktischen Verwirklichung zu stehen.

John Harrison dagegen präsentierte der Welt ein kleines tickendes Ding in einer Kiste! Lächerlich!

Schlimmer noch, die ganze Kompliziertheit des Längengradproblems schien bereits in Harrisons Uhrwerk eingebaut zu sein. Man benötigte weder Kenntnisse in Mathematik oder Astronomie noch große Erfahrung, um damit zu arbeiten. Für Wissenschaftler und Himmelsnavigatoren hatte diese Uhr etwas Unziemliches. Sie verlangte keine Anstrengung. Sie war nicht respektabel. In früheren Zeiten wäre Harrison mit seiner Zauberkiste wegen Hexerei angeklagt worden. So wie die Dinge lagen, führte Harrison einen einsamen Kampf gegen das wissenschaftliche Establishment. Aufgrund der eigenen hohen Maßstäbe und der enormen Skepsis seiner Gegner verschanzte er sich immer mehr in seiner Position. Statt die Ehre und Anerkennung zu bekommen, die er für seine Leistungen erwarten durfte, mußte er sich zahlreichen unangenehmen Prüfungen stellen, nachdem er 1759 sein Meisterwerk, die vierte Uhr, H-4, vollendet hatte.

10

Der diamantene Zeitmesser

Das Schränkchen ist aus Gold
Und Perlen und Kristall gemacht,
In seinem Innern öffnet sich eine Welt
Und eine kleine, wunderschöne Mondnacht.

William Blake

The Crystal Cabinet

Rom, heißt es, wurde nicht an einem Tag erbaut. Acht Jahre dauerte allein der Bau der Sixtinischen Kapelle und noch einmal elf Jahre die Ausmalung. Michelangelo stand von 1508 bis 1512 auf seinem Gerüst, um die Decke mit Fresken zu Themen aus dem Alten Testament zu bemalen. Vierzehn Jahre vergingen zwischen Entwurf und Fertigstellung der Freiheitsstatue. Ebenfalls vierzehn Jahre dauerte die Gestaltung des Mount Rushmore

Monuments. Der Bau von Suez- und Panamakanal dauerte jeweils zehn Jahre, und zwischen dem Entschluß, einen Menschen auf den Mond zu bringen, und der erfolgreichen Landung der Apollo-Raumkapsel dürften gleichfalls zehn Jahre vergangen sein.

John Harrison arbeitete neunzehn Jahre an seiner H-3. Historiker und Biographen können nicht erklären, warum dieser Mann, der in zwei Jahren eine Turmuhr baute, ohne nennenswerte Erfahrungen auf diesem Gebiet zu haben, und in neun Jahren zwei bahnbrechende Schiffsuhren konstruierte, warum dieser Mann sich bei der H-3 so viel Zeit gelassen hat. Nichts deutet darauf hin, daß der besessene Arbeiter Harrison gebummelt hat oder sich ablenken ließ. Im Gegenteil, es spricht einiges dafür, daß er *ausschließlich* an der H-3 arbeitete, womöglich auf Kosten seiner Gesundheit und der Familie, denn sein Projekt beanspruchte ihn so sehr, daß er keine anderen, lukrativeren Aufträge annehmen konnte. Er baute zwar aus Geldnot ein paar schlichte Uhren, lebte in dieser Zeit aber offenbar nur von den Mitteln der Längenkommission, die den Ablieferungstermin mehrere Male verschob und ihm fünfmal einen Betrag von 500 Pfund zukommen ließ.

Die Royal Society, die im Jahrhundert zuvor als angesehenes Wissenschaftskolleg gegründet worden war, blieb in dieser Zeit der Prüfungen fest an Harrisons Seite. Sein Freund George Graham und andere ihm gewogene Mitglieder dieses Gremiums bestanden darauf, daß Harrison seine Werkstatt zumindest einmal verließ, um am 30. November 1749 die Copley-Goldmedaille entgegenzunehmen. (Spätere Träger dieser Auszeichnung waren unter anderen Benjamin Franklin, Henry Cavendish, Joseph Priestley, James Cook, Ernest Rutherford und Albert Einstein.)

Auf die Medaille, die höchste Auszeichnung, die seine Freunde vergeben konnten, folgte später das Angebot, ihn in die Royal Society aufzunehmen. Harrison hätte dann die prestigeträchtigen Buchstaben F. R. S. (Fellow of the Royal Society) hinter seinen Namen setzen können. Doch er lehnte ab. Er bat darum, die Ehre seinem Sohn William zukommen zu lassen. Dabei muß er gewußt haben, daß die Mitgliedschaft für wissenschaftliche Verdienste verliehen wird. Sie kann weder übertragen noch vererbt werden, nicht einmal an engste Angehörige. Gleichwohl wurde William im Jahre 1765 aufgrund eigener Leistungen in die Royal Society aufgenommen.

Der einzige noch lebende Sohn John Harrisons machte sich die Sache seines Vaters zu eigen. William, der noch ein Kind war, als die Arbeit an den Schiffsuhren begann, verbrachte seine Jugendjahre in der Gesellschaft der H-3. Bis zum fünfundvierzigsten Lebensjahr arbeitete er gemeinsam mit seinem Vater an den Längengradzeitmessern, begleitete sie auf ihren Erprobungsfahrten und stand Harrison senior in den Auseinandersetzungen mit der Längenkommission zur Seite.

Die H-3 mit ihren 753 Einzelteilen war für die Harrisons offenbar eine Herausforderung, die sie mit Bravour meisterten. Kein einziges Mal verfluchten sie das Instrument, das ihr Leben so lange beherrschte. Im Rückblick auf seinen beruflichen Werdegang schrieb Harrison später etwas wirr, aber voller Dankbarkeit über die H-3 und die strengen Lektionen, die sie ihm erteilt hatte: »Wären nicht einige Transaktionen gewesen, die ich bei meiner dritten Maschine hatte ..., so hätte ich bedeutsame oder höchst nützliche Dinge oder Entdeckungen ohne sie niemals erfahren oder entdeckt ..., es lohnte all das Geld und die Zeit, die sie mich kostete – meine kuriose dritte Maschine.«

Ein neuartiges Teil, das Harrison für seine H-3 entwickelte, wird bis heute in Thermostaten und anderen Temperaturreglern verwendet. Es trägt den recht unpoetischen Namen Bimetallstreifen. Dieser Bimetallstreifen kann, genau wie das Rostpendel, nur besser, automatisch Temperaturschwankungen ausgleichen, die die Ganggeschwindigkeit des Uhrwerks beeinflussen. Harrison hatte zwar bei den ersten beiden Schiffsuhren auf das Pendel verzichtet, verwendete aber noch kombinierte Messing- und Stahlstäbe in der Nähe der Unruhen, um die Uhren gegen Temperaturschwankungen unempfindlich zu machen. Für die H-3 konstruierte er nun zum gleichen Zweck einen vereinfachten, zusammengenieteten Stab aus dünnem Messingblech und Stahl.

Auch der neuartige Mechanismus, den Harrison zur Reibungsverminderung entwickelte, wird nach wie vor verwendet – in Form von Kugellagern, die bei fast allen Maschinen mit beweglichen Teilen heute für störungsfreien Lauf sorgen.

Die H-3, die schlankste der Schiffsuhren, wiegt nur achtundzwanzig Kilogramm – sieben Kilogramm weniger als die H-1 und zwölf weniger als die H-2. Statt der hantelförmigen Unruhstäbe mit ihren vier Pfund schweren Messingkugeln an beiden Enden hat die H-3 zwei große, kreisrunde, gegeneinander schwingende Unruhreife, die durch Metallbänder gekoppelt sind und von einer einzigen Spiralfeder reguliert werden.

Mit Blick auf die engen Kapitänskajüten hatte Harrison sich bemüht, die Uhr möglichst kompakt zu halten. Er hat nie überlegt, eine Längengrad-Taschenuhr anzufertigen, die in die Westentasche des Kapitäns passen würde, denn jedermann wußte ja, daß eine Taschenuhr niemals die gleiche Präzision erreichen konnte wie eine große Uhr. Die H-3, mit ihren sechzig mal dreißig Zentimetern recht klein, war bis an die einer Schiffsuhr möglichen Grenzen gegangen. Obwohl Harrison mit ihrer Leistung noch nicht ganz zufrieden war, erschien ihm ihr Format für die Seefahrt genau richtig.

Ein merkwürdiger Zufall – so man an Zufälle glaubt – änderte diese Auffassung. Da in seinen Zeitmessern so viel Messing verarbeitet war, hatte Harrison natürlich verschiedene Handwerker in London kennengelernt, unter anderem John Jefferys, ein Mitglied der Worshipful Company of Clockmakers. 1753 fertigte Jefferys für Harrison eine Taschenuhr zum privaten Gebrauch an. Offensichtlich hielt er sich dabei an Harrisons Angaben, denn die Uhr ist mit einem kleinen Bimetallstreifen ausgestattet, der bei Kälte und Wärme für regelmäßigen Gang sorgen sollte. Andere zeitgenössische Taschenuhren hatten eine Fehlanzeige von zehn Sekunden pro Grad Temperaturschwankung.

Und im Unterschied zu allen vorangegangenen Taschenuhrmodellen, die beim Aufziehen entweder stehenblieben oder langsamer gingen, verfügte Jefferys' Modell über eine Konstanthaltung des Aufzugs.

Einige Uhrenspezialisten betrachten Jefferys Zeitmesser als die erste wahre Präzisionstaschenuhr. Harrisons Name steht zwar, im übertragenen Sinne, überall auf der Uhr, aber nur John Jefferys hat sie auf dem Deckel signiert. (Daß sie heute im Museum der Company of Clockmakers gezeigt werden kann, ist ein kleines Wunder, denn sie lag im Juweliersafe eines Geschäfts, das während der Schlacht um England im Zweiten Weltkrieg einen Volltreffer abbekam, und schmorte dann zehn Tage unter den rauchenden Trümmern.)

Diese Uhr erwies sich als erstaunlich zuverlässig. Harrisons Nachfahren erinnerten sich, daß sie immer in seiner Tasche steckte. Da er sich auch theoretisch mit ihr auseinandersetzte, wurde die Schiffsuhr in seiner Vision allmählich immer kleiner. 1755 erwähnte er Jefferys' Taschenuhr bei einem seiner Auftritte vor der Längenkommission, als er die letzte Verzögerung der Arbeit an der H-3 erklären mußte. Laut Sitzungsprotokoll sagte Harrison, nach seinen Erfahrungen mit einer Taschenuhr, die bereits nach seinen eigenen Angaben gefertigt sei (also Jefferys' Uhr), habe er

»Grund zu der Annahme, daß solche kleinen Instrumente von großem Nutzen sein können in bezug auf den Längengrad«.

Als Harrison im Jahre 1759 die H-4 fertigstellte, jene Uhr, die ihm am Ende den Längengradpreis eintrug, hatte sie sehr viel mehr Ähnlichkeit mit Jefferys' Uhr als mit irgendeiner ihrer legitimen Vorgängerinnen, der H-1, H-2 oder H-3.

Die H-4, das letzte Glied aus dieser großen Messingfamilie, ist so verblüffend wie ein Kaninchen, das aus einem Zylinder gezogen wird. Obwohl mit zwölf Zentimetern Durchmesser für eine Taschenuhr sehr groß, ist sie für eine Schiffsuhr klein. Sie wiegt nicht mehr als knapp drei Pfund. Das in einem doppelten Silbergehäuse verborgene, vornehm weiße Ziffernblatt zeigt vier phantasievolle, schwarz ausgeführte florale Schmuckmotive, symmetrisch angeordnet um zwei Kreise mit römischen Stunden, arabischen Sekunden und drei Zeigern aus blauem Stahl, die unbeirrt die richtige Zeit anzeigen. H-4 (»The Watch«, wie sie bald hieß) galt als Inbegriff von Eleganz und Präzision.

Harrison war sehr von seiner Arbeit angetan und drückte dies auch klarer aus, als er je einen Gedanken formuliert hat. »Ich möchte behaupten, daß es kein anderes mechanisches oder mathematisches Ding auf der Welt gibt, das schöner oder in der Beschaffenheit kurioser ist als diese meine Uhr oder Zeitmesser für den Längengrad ..., und ich danke dem Allmächtigen von Herzen, daß ich so lange leben durfte, um sie in gewissem Maße vollenden zu können.«

Noch schöner als das Äußere sind die inneren Bestandteile dieses Wunders. Gleich unter dem silbernen Deckel schützt eine dekorativ durchbrochene und reich ziselierte Platine das Werk. Ihre Gestaltung hat keine andere Funktion als die, den Betrachter in Erstaunen zu setzen. Eine klare Signatur am unteren Platinenrand lautet »John Harrison & Son A.D. 1759«. Und unter der Platine, verborgen zwischen den Rädern, führen Diamanten und Rubine den Kampf gegen die Reibung. Diese winzigen, außerordentlich schön geschliffenen Juwelen erfüllen die Aufgabe, die in Harrisons großen Schiffsuhren den reibungsfrei laufenden Rädern und mechanischen Grasshopper-Hemmungen zugeteilt worden war.

Wie Harrison das Schleifen der Juwelen gelang, bleibt eines der größten Geheimnisse der H-4. In seiner Beschreibung heißt es bloß: »Die Hemmungsflächen sind Diamanten.« Keine weitere Erklärung, weshalb er sich für dieses Material entschied oder wie er die Steine in ihre Form brachte. Und obwohl die Uhr im

Verlauf jahrelanger Prüfungen von Uhrmachern und Astronomen auseinandergenommen und untersucht wurde – in bezug auf die Diamanten sind weder Fragen noch Debatten protokolliert.

Die H-4, die heute im Londoner National Maritime Museum in aller Pracht ausgestellt wird, zieht alljährlich Millionen von Besuchern an. Bevor sie zu diesem Ausstellungsstück kommen, haben sie meist schon die H-1, H-2 und H-3 betrachtet. Erwachsene und Kinder stehen gleichermaßen fasziniert vor den großen Schiffsuhren und bewegen die Köpfe im Rhythmus der Unruhhebel von H-1 und H-2, die wie Metronomzeiger hin und her schwingen. Sie atmen im Rhythmus des regelmäßigen Tickens und sind überrascht, wenn der Flügel, der aus dem Chassis der H-2 herausragt, plötzlich seine sporadischen Drehbewegungen vollführt.

Aber die H-4 entwickelt die größte Wirkung. Diese Uhr, die angeblich der Endpunkt eines systematisch voranschreitenden Entwicklungsprozesses war, stellt doch etwas ganz Eigenes dar. Außerdem steht sie still, in auffälligem Gegensatz zu den anderen tickenden Uhren. Nicht nur, daß ihr Mechanismus in dem silbernen Gehäuse verborgen ist, auch die Zeiger rühren sich nicht. Selbst der Sekundenzeiger hält still. Die H-4 läuft nicht.

Sie *könnte* laufen, wenn das Museum es zuließe, doch die Kuratoren erlauben es nicht. Sie verweisen darauf, daß die H-4 quasi den Status einer verehrten Reliquie oder eines unersetzlichen Kunstwerks genieße, das der Nachwelt erhalten werden muß. Die Uhr aufzuziehen, hieße sie zu ruinieren.

In aufgezogenem Zustand läuft die H-4 dreißig Stunden. Sie müßte also täglich aufgezogen werden, wie die großen Schiffschronometer auch. Doch anders als ihre Vorgänger, verträgt die H-4 tägliche Eingriffe des Menschen nicht, und sie bezeugt das stumm, aber eindrucksvoll. Trotz ihrer großen Berühmtheit – nicht selten hat man sie als die bedeutendste Uhr aller Zeiten gepriesen – wurde sie ziemlich schlecht behandelt. Noch vor fünfzig Jahren lag sie, zusammen mit Kissen und Aufziehschlüssel, in ihrem Originalkasten. Beide sind seitdem verlorengegangen, eben weil die H-4 *benutzt* wurde – indem man sie an die verschiedensten Orte brachte, sie vorführte, aufzog, reinigte und wieder woanders zeigte. 1963 kam die H-4, trotz der ernüchternden Lehre des verschwundenen Kastens, anläßlich einer Ausstellung im Washingtoner Marineobservatorium in die USA.

Harrisons große Schiffsuhren, wie auch seine Turmuhr von Brocklesby Park, können dank ihrer reibungsfrei konstruierten Werke regelmäßigen Gebrauch sehr viel besser aushalten. Harrison hat durch überlegte Verwendung einzelner Bauteile Pionierarbeit auf dem Gebiet der Entwicklung reibungsfreier Uhren geleistet. Aber selbst er war nicht imstande, die reibungsfreien Räder und Gleitlager so zu verkleinern, daß er sie in seine H-4 hätte einbauen können. Folglich mußte er die Uhr ölen.

Uhrenöl muß regelmäßig erneuert werden (das ist heute nicht anders als zu Harrisons Zeiten). Das Öl verändert nämlich seine Viskosität, so daß es am Ende nicht mehr schmiert, sondern sich in irgendwelchen Winkeln abgesetzt hat und das Werk zu beschädigen droht. Wenn die H-4 gehen soll, würde man sie also regelmäßig (etwa alle drei Jahre) reinigen müssen. Und weil dazu eine komplette Zerlegung aller Teile erforderlich ist, würde man riskieren, einige Teile – trotz aller Vorsicht und Ehrfurcht – zu beschädigen.

Außerdem nutzen sich bewegliche Teile, selbst wenn man sie schmiert, bei ständiger Reibung ab und müssen ersetzt werden. In Anbetracht dieses natürlichen Verschleißprozesses nehmen die Kuratoren an, daß die H-4 innerhalb von drei, vier Jahrhunderten ein völlig anderes Instrument wäre als das, welches Harrison uns vor drei Jahrhunderten hinterlassen hat. In ihrem gegenwärtigen, scheintoten Zustand könnte die H-4, wohlbehütet, ein unbegrenzt langes Leben vor sich haben. Sie könnte Hunderte, wenn nicht Tausende von Jahren überdauern – wie es sich für eine Uhr gehört, die man als die *Mona Lisa* oder die *Nachtwache* der Uhrmacherkunst bezeichnet hat.

11

Prüfungen mit Feuer und Wasser

Zwei Monde sind verstrichen und mehr,
Seit etliche von diesen Helden hehr
Beschlossen, Stärke und Geschick zu proben
Und den Preis auf *Flamsteed Hill* auszuloben …
Doch sieh dich vor, Rev. M-sk-l-n,
Du wissenschaftlicher Harlekin,
Mit Gaukelei kommst du nicht dahin,
Denn der Stifter dieser reichen Lorbeeren
Ist gerecht, wie Jupiter mit seinen Himmelsheeren.

C.P. *»Greenwich Hoy!« oder »The Astronomical Racers«*

Eine Geschichte, die einen Helden feiert, muß auch einen Bösewicht haben – in unserem Fall ist es der Reverend Nevil Maskelyne, der als »Astronom des Seemanns« in die Geschichte eingegangen ist.

Fairerweise muß man sagen, daß Maskelyne wohl eher ein Antiheld als ein Bösewicht, eher starrsinnig als hartherzig war. John Harrison jedoch haßte ihn leidenschaftlich und mit gutem Grund. Das Verhältnis zwischen diesen beiden Männern war derart gespannt, daß aus dem Kampf um den Längengradpreis eine erbitterte Schlacht wurde.

Maskelyne unterstützte die Methode der Monddistanzen, machte sie sich ganz zu eigen und verkörperte sie schließlich. Der Mann und die Methode verschmolzen mühelos miteinander, da Maskelyne, der erst mit zweiundfünfzig Jahren heiratete, sich zum Sklaven akkurater Beobachtung und sorgfältiger Berechnung gemacht hatte. Über alles führte er Buch, von astronomischen Ereignissen bis zu privaten Dingen (achtzig Jahre lang notierte er jeden ausgegebenen Penny), und alles protokollierte er mit der gleichen unpersönlichen Distanziertheit. Sogar seine Autobiographie schrieb er in der dritten Person. »Dr. M«, heben die erhaltenen handschriftlichen Aufzeichnungen an, »ist der letzte männliche Sproß einer alten Familie, die seit langem in Purton, in der Grafschaft Wiltshire, ansässig ist.« Auf den folgenden Seiten schreibt Maskelyne von sich als »er« oder »unser Astronom« – noch bevor seine Hauptfigur im Jahre 1765 zum Königlichen Astronomen ernannt wurde.

Maskelyne, der vierte in einer langen Reihe von Nevils, wurde am 5. Oktober 1732 geboren. Damit war er rund vierzig Jahre jünger als Harrison, auch wenn er offenbar nie richtig jung gewesen ist. Schon in frühen Jahren »streberhaft« und »besserwisserisch«, wie ein Biograph schreibt, stürzte er sich auf das Studium der Astronomie und Optik, von Anfang an mit dem festen Vorsatz, ein bedeutender Wissenschaftler zu werden. Seine Brüder William und Edmund erscheinen in den Briefen der Familie als »Billy« und »Mun« und seine Schwester Margaret als »Peggy«, aber Nevil war immer und ausschließlich Nevil.

Im Unterschied zu John Harrison, der keine Schulbildung erhielt, besuchte Nevil Maskelyne Westminster School und studierte in Cambridge. Er arbeitete, um nicht die vollen Studiengebühren bezahlen zu müssen, in der Küche. Als Fellow von Trinity College trat er in den geistlichen Stand, was ihm den Titel Reverend eintrug, und eine Zeitlang war er Pfarrer in Chipping Barnet, etwa fünfzehn Kilometer nördlich von London. Irgendwann in den 1750er Jahren, noch während des Studiums, lernte Maskelyne dank seines lebenslangen Interesses an der Astronomie und über seine Cambridger Kontakte James Bradley, den dritten Königlichen Astronomen, kennen. In ihrer pedantischen Art paßten die beiden gut zueinander, und so versuchten sie gemeinsam, das Längengradproblem zu lösen.

Bradley war zu diesem Zeitpunkt gerade dabei, die

Methode der Monddistanzen mit Hilfe der Tabellen zu kodifizieren, die Johann Tobias Mayer, der deutsche Astronom und Mathematiker, ihm zugeschickt hatte. Um ihre Genauigkeit zu prüfen, soll Bradley, wie Maskelyne berichtet, zwischen 1755 und 1760 in Greenwich 1200 Beobachtungen und »komplizierte Kalkulationen« angestellt und mit Mayers Vorausberechnungen verglichen haben.

Für diese Dinge interessierte sich Maskelyne natürlich. 1761, anläßlich des groß angekündigten astronomischen Ereignisses namens Venusdurchgang (die Venus kreuzt dabei die Sonnenscheibe), erhielt er von Bradley den hochdotierten Auftrag, auf einer Expedition die Gültigkeit der Mayerschen Tabellen auf See zu überprüfen – und ihren Nutzen für die Seefahrt zu demonstrieren.

Maskelyne fuhr nach St. Helena – die kleine Atlantikinsel südlich des Äquators, auf der Halley ein Jahrhundert zuvor die südlichen Sterne beobachtet hatte und auf der Napoleon Bonaparte im darauffolgenden Jahrhundert seine letzten Jahre in der Verbannung verbringen sollte. Auf der Hin- und Rückfahrt griff Maskelyne, zu seiner und Bradleys Befriedigung, immer wieder zum Hadleyschen Quadranten und zu Mayers Mondtabellen, um auf See die geographische

Länge zu bestimmen. In Maskelynes geübten Händen funktionierte die Methode der Monddistanzen ganz wunderbar.

Mit Hilfe der Monddistanzen bestimmte Maskelyne auch die bislang noch nicht bekannte geographische Länge von St. Helena.

Während seines Aufenthalts auf der Insel erledigte er seinen wichtigsten Auftrag. Mehrere Stunden lang beobachtete er den Planeten Venus, der sich wie ein kleiner dunkler Fleck über das Antlitz der Sonne bewegte. Zu einem solchen Venusdurchgang kommt es, wenn die Venus genau zwischen Erde und Sonne steht. Bedingt durch die Bahnen dieser drei Himmelskörper und ihre Positionen zueinander, ereignen sich Venusdurchgänge sozusagen paarweise (der eine acht Jahre nach dem anderen) – aber ein solches Doppelereignis kommt nur alle hundert Jahre vor.

Halley hatte 1677 auf St. Helena den weniger seltenen Merkurdurchgang teilweise beobachtet. Ganz begeistert über die Möglichkeiten, die in solchen astronomischen Ereignissen lagen, stellte Halley daher den Antrag, die Royal Society möge den nächsten Venusdurchgang (den er selbst natürlich ebensowenig erleben würde wie die Rückkehr des Halleyschen Kometen) beobachten lassen. Halley trug überzeugend vor, daß anhand vieler sorgfältiger Beobachtungen dieses Ereignisses, an verschiedenen, weit auseinanderliegenden Erdpunkten vorgenommen, die tatsächliche Entfernung zwischen Erde und Sonne berechnet werden könne.

Und so begab sich Maskelyne im Januar 1761 als Mitglied eines kleinen, aber weltumspannenden wissenschaftlichen Expeditionskorps auf die Reise nach St. Helena. Mehrere französische Astronomen etwa fuhren zu sorgfältig ausgewählten Beobachtungspunkten in Sibirien, Indien und Südafrika. Den ersten Venusdurchgang am 6. Juni 1761 beobachteten auch Charles Mason und Jeremiah Dixon auf einer erfolgreichen Beobachtungsreise zum Kap der Guten Hoffnung – mehrere Jahre, bevor die beiden britischen Astronomen ihre berühmte Grenzlinie zwischen Pennsylvania und Maryland zogen. Der zweite Venusdurchgang, vorausberechnet für den 3. Juni 1769, war Anlaß für die erste Reise von Kapitän James Cook, der das Ereignis von Polynesien aus beobachten wollte.

Maskelyne mußte zu seinem Leidwesen feststellen, daß sich die Wetterbedingungen auf St. Helena seit Halleys Besuch nicht verbessert hatten, so daß sich die letzte Phase des Venusdurchgangs hinter einer Wolkendecke verbarg. Trotzdem blieb er noch mehrere Monate auf St. Helena, um die dort wirksame Gravitation mit derjenigen von Greenwich zu vergleichen, die Entfernung zu dem hellen Stern Sirius zu messen und anhand von Mondbeobachtungen die Größe der Erde zu berechnen. Diese Arbeiten, neben seinem erfolgreichen Kampf an der Längengradfront, entschädigten ihn vollauf für die Schwierigkeiten bei der Beobachtung des Venusdurchgangs.

1761 fand noch eine weitere Reise statt, die von enormer Bedeutung für die Längengradgeschichte war, auch wenn sie in keinem Zusammenhang mit den Exkursionen anläßlich der Venusdurchgänge stand – William Harrison unternahm mit der H-4 seines Vaters eine Erprobungsfahrt nach Jamaika.

Harrisons erster Zeitmesser, die H-1, hatte sich nur bis Lissabon gewagt, und die H-2 war überhaupt nicht in See gestochen. Die H-3, in der fast zwanzig Jahre Arbeit steckten, wäre vielleicht 1759, unmittelbar nach ihrer Fertigstellung, auf See erprobt worden, wenn nicht der Siebenjährige Krieg ausgebrochen wäre. Dieser weltweite Konflikt, an dem England, Frankreich, Rußland, Preußen und andere Länder beteiligt waren, umspannte drei Kontinente, einschließlich Nordamerika. Noch während des Krieges hatte der Königliche Astronom Bradley an Bord von Kriegsschiffen, die vor der feindlichen Küste Frankreichs patrouillierten, Tabellen der Monddistanzen überprüft. Aber kein halbwegs vernünftiger Mensch würde ein so einzigartiges Gerät wie die H-3 in solch unruhige Gewässer entsenden, wo es feindlichen Kräften in die Hände fallen konnte. Das zumindest war der Einwand, den Bradley anfänglich vortrug. Doch 1761, als die offizielle Prüfung der H-3 anstand, war von seinen Bedenken nichts mehr zu hören – obwohl der große Krieg noch immer wütete und von seinen sieben Jahren erst fünf hinter ihm lagen. Der Gedanke, Bradley könne tatsächlich *gewollt* haben, daß der H-3 etwas Schlimmes zustieße, ist fast unwiderstehlich. Jedenfalls scheint das weltweite Interesse an einer Beobachtung des Venusdurchgangs eine Rechtfertigung für alle Reisen gewesen zu sein, die zu dieser Zeit unter der Flagge der Wissenschaft unternommen wurden.

Im Sommer 1760, zwischen Fertigstellung und angesetzter Prüfung der H-3, hatte Harrison der Längenkommission stolz die H-4, sein Glanzstück, präsentiert. Die Kommission sprach sich dafür aus, beide Instrumente, die H-3 und die H-4, auf derselben Reise zu erproben. Und so fuhr William Harrison im Mai 1761 mit der schweren H-3 auf dem Seeweg von London nach Portsmouth, wo er auf seine Einschiffungsorder warten sollte. John Harrison, der bis zur letzten Minute an seiner H-4 herumfeilte, wollte sich in Portsmouth mit William treffen und ihm kurz vor Auslaufen seines Schiffes den tragbaren Zeitmesser übergeben.

Fünf Monate später saß William noch immer in Portsmouth und wartete auf seine Order. Inzwischen war es Oktober geworden, und William war außer sich über die Verzögerung und krank vor Sorge um seine Frau Elizabeth, die sich von der Geburt ihres ersten Sohnes, John, noch immer nicht erholt hatte.

William hatte den Verdacht, daß Bradley die Prüfung bewußt hinauszögerte, um Zeit zu gewinnen, die seinem Freund Maskelyne helfen würde, Beweise für die Anwendbarkeit der Monddistanzmethode zusammenzutragen. Das mag sich nach einer fixen Idee anhören, aber William hatte Beweise dafür, daß Bradley persönlich am Längengradpreis interessiert war. In seinem Tagebuch schildert William, wie er und sein Vater bei einem Instrumentenbauer zufällig Dr. Bradley begegneten, der offensichtlich nicht gut auf sie zu sprechen war. »Der Doktor schien sehr ungehalten«, notierte William, »und er erklärte Mr. Harrison in großer Hitze, daß ohne ihn und seinen vermaledeiten Zeitmesser er und Mr. Mayer sich die zehntausend Pfund schon längst geteilt hätten.«

Als Königlicher Astronom saß Bradley in der Längenkommission und fungierte daher als Schiedsrichter im Kampf um den Längengradpreis. Williams Schilderung klingt so, als wäre Bradley selbst auch ein Konkurrent im Ringen um den Preis gewesen. Sein persönliches Interesse an der Methode der Monddistanzen könnte man heute als »Interessenkonflikt« bezeichnen, wenn dieser Begriff nicht eine zu schwache Definition dessen wäre, wogegen die Harrisons standen.

Was auch immer der Grund für die Verzögerung gewesen sein mag, im Oktober – William war inzwischen nach London zurückgekehrt – trat die Kommission zusammen. Und im November schiffte er sich endlich auf der H. M. S. *Deptford* ein. Nur mit der H-4 im Gepäck. Während des langen Wartens hatte sein Vater beschlossen, die H-3 nicht ins Rennen zu schicken. Die Harrisons setzten alles auf die Taschenuhr.

Damit ein korrektes Prüfungsverfahren gewährleistet war, hatte die Längenkommission angeordnet, daß die Kiste, in der die H-4 ruhte, mit vier verschiedenen Schlössern versperrt werden sollte. William bekam natürlich einen der Schlüssel, da ihm das tägliche Aufziehen der Uhr oblag. Die anderen drei Schlüssel gingen an vertrauenswürdige Männer, die bereit waren, jeden Handgriff Williams zu kontrollieren – William

Lyttleton, designierter Gouverneur von Jamaika und Mitreisender an Bord der *Deptford*, Kapitän Dudley Digges sowie der Erste Steuermann, J. Seward.

Zwei Astronomen, einer in Portsmouth und einer, der mit nach Jamaika fuhr, sollten bei Abreise und Ankunft die genaue Ortszeit feststellen. William mußte seine Uhr nach ihren Angaben stellen.

Sehr bald zeigte sich, daß große Mengen Käse und etliche Fässer Bier ungenießbar waren. Kapitän Digges ordnete an, den verdorbenen Proviant über Bord zu werfen, was eine Krise heraufbeschwor. »Heute«, lautet eine Eintragung im persönlichen Tagebuch des Kapitäns, »wurden alle Biervorräte vernichtet, die Leute müssen jetzt Wasser trinken.« William sicherte dem Kapitän ein baldiges Ende dieser Notlage zu, denn er hatte anhand der H-4 berechnet, daß die *Deptford* am nächsten Tag Madeira erreichen würde. Digges behauptete, daß die Uhr völlig falsch gehe, und schloß sogar eine Wette darauf ab. Doch am nächsten Morgen kam Madeira in Sicht, und man konnte frische Fässer Bier laden. Digges erklärte daraufhin, er werde die erste Harrisonsche Längengraduhr erwerben, sobald sie zu kaufen sei. Noch auf Madeira schrieb der Kapitän an John Harrison:

»Werter Herr, ich möchte Euch nur rasch mitteilen,

... mit welch großer Präzision Eure Uhr die Insel auf dem Meridian gefunden hat; laut Logbuch befanden wir uns 1 Grad 27 Minuten östlich, was wir nach einer französischen Karte ermittelt hatten, die auf der Länge von Teneriffa beruht. Daher glaube ich, daß Eure Uhr genau gehen muß. Adieu.«

Die Atlantiküberquerung dauerte fast drei Monate. Als die *Deptford* am 19. Januar 1762 schließlich im Hafen von Port Royal vor Anker ging, stellte John Robison, der Vertreter der Kommission, mit Hilfe seiner Instrumente die genaue Ortszeit fest. Robison und Harrison verglichen daraufhin die Uhren, um anhand des Zeitunterschieds den Längengrad von Port Royal zu ermitteln. Die H-4 hatte nur fünf Sekunden verloren – nach einundachtzig Tagen auf See!

Kapitän Digges, der mit Anerkennung nicht sparte, wo sie angemessen war, überreichte William – und zugleich dessen Vater *in absentia* – zur Erinnerung an die erfolgreiche Erprobung feierlich einen Oktanten, ein Winkelmeßgerät. Über diese Trophäe, die heute im National Maritime Museum gezeigt wird, heißt es in einem erläuternden Kommentar der Kuratoren, daß »dies ein merkwürdiges Geschenk ist für jemanden, der die Methode der Monddistanzen zur Längenbestimmung überflüssig machen wollte«. Es war, als hätte Kapitän Digges irgendwo einen Stierkampf gesehen – mit seiner Geste überreichte er William Ohren und Schwanz des besiegten Tieres. Aber selbst wenn er einen Zeitmesser besaß, der ihm sagte, wieviel Uhr es in London war, würde Digges noch immer seinen Oktanten brauchen, um auf See die Ortszeit bestimmen zu können.

Gut eine Woche nach ihrem Eintreffen auf Jamaika brachen William, Robison und die Uhr an Bord der *Merlin* wieder nach England auf. Das Wetter war erheblich schlechter, und William hatte große Mühe, die H-4 trocken zu halten. Brecher rollten fußhoch über die Decks, so daß sogar in der Kapitänskajüte zehn Zentimeter Wasser stand. Der arme seekranke William wickelte die Uhr in eine Decke, und wenn die Decke durchnäßt war, schlief er in ihr, um sie durch seine Körperwärme zu trocknen. Dank seiner Schutzmaßnahmen hatte er am Ende der Reise zwar hohes Fieber, doch er fühlte sich durch das Ergebnis bestätigt. Die H-4 tickte noch immer, als er am 26. März in England eintraf. Und ihre Fehlanzeige, Hin- und Rückreise zusammengenommen, betrug nur knapp zwei Minuten.

Der Preis hätte daraufhin sofort an John Harrison gehen müssen, denn seine Uhr erfüllte die Bedingungen des Longitude Act; doch alles verschwor sich gegen ihn, und die verdiente Auszeichnung blieb ihm versagt.

Im Juni trat zunächst die Längenkommission zusammen, um die Prüfungsergebnisse auszuwerten. Nachdem die Kommission vier Schlüssel und zwei Astronomen vorgeschrieben hatte, forderte sie nun, drei Mathematiker sollten die Zeitermittlungen von Portsmouth und Jamaika gründlich überprüfen, da beide Daten ihr plötzlich unzureichend und ungenau erschienen. Die Mitglieder der Kommission monierten auch, William habe sich nicht an die Regeln der Royal Society gehalten, wonach er die Länge von Jamaika anhand der Verfinsterungen der Jupitermonde hätte ermitteln müssen. Davon war William nichts bekannt, und er hätte ohnehin nicht gewußt, wie er das hätte anstellen sollen.

In ihrem Abschlußbericht vom August 1762 erklärte die Kommission daher: »Die mit der Uhr gemachten Experimente reichen nicht aus, um auf See die Länge zu bestimmen.« Die H-4 mußte sich daher einer neuen, strenger kontrollierten Prüfung unterziehen. Nochmals zu den Westindischen Inseln – und viel Glück auf den Weg.

Statt 20 000 Pfund erhielt John Harrison 1500 – in

Anerkennung der Tatsache, daß seine Uhr »zwar noch nicht besonders geeignet erscheint, die Länge zu bestimmen ..., gleichwohl eine Erfindung von beträchtlichem Nutzen für die Allgemeinheit ist«. Noch einmal 1 000 Pfund sollte er bekommen, sobald die H-4 von ihrer zweiten Seereise zurückgekehrt war.

Maskelyne, der Anwalt der Konkurrenzmethode, war im Mai 1762 außerordentlich zufrieden von St. Helena nach London zurückgekehrt – dicht auf Williams Fersen. Er ging sofort daran, die Mayerschen Mondtabellen ins Englische zu übersetzen und, nebst Gebrauchsanleitung, unter dem Titel *The British Mariner's Guide* (Leitfaden des britischen Seemannes) zu veröffentlichen – womit er eine wichtige Grundlage seines späteren Renommees schuf.

Mayer selbst war im Februar an einer schweren Infektion gestorben – neununddreißigjährig. Im Juli starb Bradley, der Königliche Astronom, im Alter von neunundsechzig Jahren. Sein Tod mag im Vergleich zu dem Mayers weniger verfrüht erschienen sein, wenn Maskelyne auch schwor, das Leben seines Mentors sei wegen der unermüdlichen Arbeit an den Mondtabellen viel zu früh zu Ende gegangen.

Den Harrisons wurde bald deutlich, daß Bradleys Ableben, was die Längenkommission anging, auch keine

Hilfe war. Sein Tod änderte nichts an der unnachgiebigen Haltung der anderen Kommissionsmitglieder. Den ganzen Sommer über, während das Amt des Königlichen Astronomen vakant war und schließlich mit Nathaniel Bliss besetzt wurde, korrespondierte William mit der Kommission, um die Arbeit der Uhr ins rechte Licht zu setzen. Bei zwei Sitzungen im Juni und August mußte er harte Schläge einstecken, entmutigende Worte, die er seinem zu Hause gebliebenen Vater widerwillig überbrachte.

Kaum hatte Bliss seinen Sitz als vierter Königlicher Astronom in der Längenkommission eingenommen, wandte er sich scharf gegen die Harrisons. Auch er war, genau wie Bradley, ein entschiedener Anhänger der Mondtabellen. Er behauptete, daß die Genauigkeit der Taschenuhr auf der Reise reiner Zufall gewesen sei, und sagte voraus, daß ihr bei der nächsten Prüfung kein Erfolg beschieden sein werde.

Keiner der Astronomen oder Admirale der Kommission wußte etwas über die Uhr oder hätte sagen können, warum sie so genau ging. Vielleicht waren sie außerstande, den Mechanismus zu verstehen, doch ab Anfang 1763 drängten sie Harrison, ihnen die Uhr zu erklären. Das hatte nicht nur mit Neugier zu tun, sondern auch mit nationalen Sicherheitsinteressen.

Die Uhr stellte ein Objekt von großem Wert dar, denn sie schien doch eine Verbesserung gegenüber den üblichen Uhren zu sein, die zu astronomischen Zwecken verwendet wurden. Bei schlechtem Wetter, wenn Mond und Sterne nicht zu sehen waren, mochte Harrisons Uhr sogar die Monddistanzen ersetzen. Und außerdem wurde John Harrison nicht jünger. Was, wenn er starb und das potentiell nützliche Geheimnis mit ins Grab nahm? Was, wenn William zusammen mit der Uhr unterging, falls sich bei der nächsten Erprobungsfahrt eine Katastrophe ereignete? Es war ganz klar, daß man eine vollständige Beschreibung der Uhr haben wollte, ehe man sie wieder auf See hinausschickte.

Die französische Regierung entsandte eine kleine Gruppe von Horologen, unter ihnen Ferdinand Berthoud, die sich in London bemühen sollten, Harrison das Geheimnis der Uhr zu entlocken. Der alte Uhrmacher, inzwischen verständlicherweise mißtrauisch, schickte die Franzosen fort und bat seine Landsleute, dafür Sorge zu tragen, daß niemand seine Erfindung plagiieren werde. Das Parlament bat er, ihm nochmals 5 000 Pfund zu bewilligen und sich nachdrücklich für den Schutz seiner Rechte einzusetzen. Diese Verhandlungen endeten jedoch bald in einer Sackgasse. Weder wurde Geld gezahlt, noch wurden Geheimnisse gelüftet.

Im März 1764 schließlich gingen William und sein Freund Thomas Wyatt an Bord der H. M. S. *Tartar*, um mit der H-4 die Überfahrt nach Barbados anzutreten. Der Kapitän, Sir John Lindsay, sollte die zweite Prüfung der Uhr auf der Passage zu den Westindischen Inseln überwachen. Am 15. Mai kam das Schiff an. Als William an Land ging, um seine Daten mit den Messungen der Astronomen zu vergleichen, die im Auftrag der Kommission an Bord der *Princess Louisa* vorausgefahren waren, erblickte er ein bekanntes Gesicht. In der Sternwarte bereits angetreten, um die Qualität der Uhr zu beurteilen, wartete Nathaniel Bliss' persönlich beauftragter Scharfrichter – niemand anderes als der Reverend Nevil Maskelyne.

Maskelyne hatte sich gegenüber Einheimischen beschwert, daß er selbst eine Art zweite Prüfung durchmachen müsse. Auf der Reise nach St. Helena habe sich deutlich gezeigt, daß seine Monddistanzmethode am besten geeignet sei, das Längengradproblem zu lösen. Und diesmal, auf der Reise nach Barbados, prahlte er, habe er die Sache ganz bestimmt für sich entschieden und den Preis gewonnen.

Als William von diesen Behauptungen hörte, erklärten er und Kapitän Lindsay, daß Maskelyne wohl kaum geeignet sei, die H-4 unvoreingenommen zu beurteilen. Maskelyne schäumte. Er wurde grob, dann zunehmend nervös. In seiner Erregung unterliefen ihm Irrtümer in seinen astronomischen Berechnungen – obwohl, wie alle Anwesenden sich später erinnerten, kein einziges Wölkchen am Himmel stand.

12

Eine Geschichte von zwei Porträts

Süße Musik wird bitter,
Wenn ihre Zeit zerbricht, ihr Takt nicht Zeit hält!
So auch in der Musik des Menschenlebens ...
Ich habe Zeit vergeudet; nun vergeudet
Die Zeit auch mich. Denn nun hat sie aus mir
Ihr Ziffernblatt gemacht; meine Gedanken
Sind die Minuten.

William Shakespeare
Richard der Zweite

Von John Harrison sind zwei faszinierende zeitgenössische Bildnisse erhalten. Das eine ist ein repräsentatives Ölgemälde von Thomas King, das zwischen Oktober 1765 und März 1766 angefertigt wurde, das andere ein 1767 entstandener Kupferstich von Peter Joseph Tassaert, der das Ölgemälde in fast allen Einzelheiten kopiert hat – nur in einem Detail nicht, und dieser Unterschied erzählt eine Geschichte von Erniedrigung und Verzweiflung.

Das Gemälde hängt heute im Museum der alten Königlichen Sternwarte in Greenwich. Es zeigt uns Harrison als einen Mann von Gewicht. In schokoladenbraunem Gehrock und gleichfarbigen Beinkleidern sitzt er an einem Tisch, umgeben von seinen Erfindungen – zu seiner Rechten die H-3, hinter ihm das Präzisionsrostpendel, das er für seine anderen Zeitmesser konstruiert hatte. Selbst im Sitzen hält er sich gerade und schaut zufrieden, aber nicht selbstgefällig. Er trägt die weiße Perücke des Gentleman, und seine Gesichtshaut ist frisch und glatt. (Die Legende, wonach Harrisons Interesse an Uhren bereits in seiner Kindheit geweckt worden sei, als er von einer Krankheit genas, spricht von schweren Pocken. Wir müssen daher annehmen, daß die Geschichte entweder übertrieben ist, das Kind auf wundersame Weise gesundete, oder daß der Künstler die Narben übermalte.)

Die blauen, etwas wäßrigen Augen des Dreiundsiebzigjährigen sind direkt auf den Betrachter gerichtet. Nur die zur Mitte hin leicht erhobenen Augenbrauen und die Linien zwischen ihnen verraten etwas von der bedachtsamen Handwerkerart des Mannes, von den Sorgen, die ihn quälten. Die linke Hand ist in die Hüfte gestützt. Der rechte Unterarm ruht auf dem Tisch, und in der Hand hält er – Jefferys' Taschenuhr!

Wo ist die H-4? Sie war zu diesem Zeitpunkt schon lange fertig und gewiß sein Liebling. Zweifellos hätte Harrison darauf bestanden, zusammen mit seiner H-4 porträtiert zu werden. Und in der Tat, bei Tassaert erscheint sie auch. Merkwürdig, daß sich der Stich in diesem Punkt von dem Ölgemälde unterscheidet. Tassaert porträtiert Harrison mit leerer Hand. Er hält sie mit der Innenfläche nach oben, weist mit einer unbestimmten Bewegung auf die Taschenuhr, die hier, perspektivisch etwas verkürzt, auf dem Tisch liegt, auf einer Konstruktionszeichnung ihrer selbst. Zugegeben, die Uhr ist viel zu groß, als daß er sie bequem in der Hand halten könnte, so wie er Jefferys' Uhr hält, die nur halb so groß war wie die H-4.

Daß Harrison auf dem Ölbildnis nicht mit der H-4 gemalt wurde, liegt daran, daß er sie während der Sitzungen nicht bei sich hatte. Sie wurde später eingearbeitet, als Harrisons wachsende Berühmtheit (»Der Mann, der die Länge fand«) zu dem Kupferstichporträt in Mezzotintomanier führte. Die Ereignisse, die zwischen den beiden Porträts lagen, stellten Harrison auf eine fast unerträgliche Probe.

Nach der umstrittenen zweiten Erprobung der H-4 im Sommer 1764 ließ die Längenkommission Monate verstreichen, ohne sich in irgendeiner Weise zu äußern.

Man wartete auf den Bescheid der Mathematiker, die die Daten der H-4 mit den astronomisch ermittelten Längen von Portsmouth und Barbados vergleichen sollten, weil all diese Faktoren bei der Urteilsfindung berücksichtigt werden mußten. Nachdem die Kommissionsmitglieder das Endergebnis gehört hatten, erklärten sie, sie seien »einhellig der Auffassung, daß der besagte Zeitmesser die Zeit hinreichend genau angezeigt hat«. Etwas anderes konnten sie auch kaum sagen: Die Uhr bestimmte die Länge bis auf zehn Meilen genau – dreimal präziser, als es der Longitude Act verlangte! Dieser ungeheure Erfolg erwies sich für Harrison jedoch nur als ein kleiner Sieg. Die Uhr und ihr Konstrukteur hatten noch immer viel zu erklären.

Im Herbst bot ihm die Kommission die Hälfte des Preisgeldes an – unter der Bedingung, daß er sämtliche Schiffsuhren sowie eine vollständige Beschreibung des prachtvollen Werks der H-4 übergebe. Wolle Harrison den *gesamten* Betrag von 20 000 Pfund haben, müsse er sich außerdem bereit erklären, nicht nur eine, sondern *zwei* Kopien seiner H-4 anfertigen zu lassen – zum Beweis, daß sich eine Uhr solcher Präzision und Leistung tatsächlich nachbauen lasse.

Die angespannte Situation verschärfte sich noch dadurch, daß Nathaniel Bliss mit der Tradition der Langlebigkeit brach, die vorher mit dem Titel des Königlichen Astronomen verbunden zu sein schien. John Flamsteed hatte sein Amt vierzig Jahre innegehabt, Edmond Halley und James Bradley jeweils über zwanzig Jahre, doch Bliss verschied schon nach zwei Jahren. Als der Name des neuen Königlichen Astronomen – und Mitglieds der Längenkommission – im Januar 1765 verkündet wurde, war es, wie Harrison gewiß schon ahnte, der seiner Nemesis, Nevil Maskelyne.

Der zweiunddreißigjährige Maskelyne trat sein Amt als fünfter Königlicher Astronom an einem Freitag an. Gleich am nächsten Vormittag, Samstag, dem 9. Februar, noch ehe er dem König zeremoniell die Hand küßte, eilte er als neuestes Mitglied zur Sitzung der Längenkommission. Er hörte zu, während weiter über die heikle Frage der Prämie für Harrison diskutiert wurde. Maskelyne billigte den Vorschlag, Leonhard Euler und der Witwe von Johann Tobias Mayer Geldbeträge zukommen zu lassen. Dann wandte er sich seinem ureigenen Thema zu.

Er verlas eine lange Denkschrift, in der er die Methode der Monddistanzen pries. Vier Kapitäne der East India Company, die er eigens mitgebracht hatte, plapperten sein Lob exakt nach. Sie alle hätten das Verfahren angewendet, viele Male, sagten sie, und genau so, wie es in Maskelynes *The British Mariner's Guide* dargestellt sei, und die Länge jedesmal innerhalb von vier Stunden ermittelt. Sie stimmten Maskelyne zu, daß die Tabellen veröffentlicht und weite Verbreitung finden sollten, dann ließe sich »dieses Verfahren von Seeleuten mühelos & allgemein praktizieren«.

Es war der Beginn eines neuen Versuchs, die Methode der Monddistanzen zu institutionalisieren. Harrisons Schiffsuhr mochte schnell gewesen sein, aber sie war noch immer ein Kuriosum, während der Himmel allen und überall zur Verfügung stand.

Das Frühjahr 1765 brachte Harrison weiteren Kummer – in Gestalt eines neuen Längengradgesetzes, das den ursprünglichen Longitude Act von 1714 einschränkte und Klauseln enthielt, die sich explizit auf Harrison bezogen. In der Präambel dieses Gesetzes – offiziell *Act 5 George III* genannt – wurde sogar sein Name erwähnt und der aktuelle Stand des Konflikts zwischen ihm und der Kommission dargestellt.

Harrison selbst wurde immer gereizter. Er stürmte aus mehr als einer Sitzung, und einmal konnte man ihn erregt rufen hören, daß er nicht bereit sei, sich diesen empörenden Forderungen zu beugen, »solange ein Tropfen englischen Blutes in meinen Adern fließt«.

Lord Egmont, der Vorsitzende der Kommission, wies Harrison zurecht: »Sir ..., Ihr seid die merkwürdigste und halsstarrigste Kreatur, die mir je begegnet ist. Doch ich gebe Euch mein Wort, daß Ihr Euer Geld bekommen werdet – wenn Ihr bereit seid, zu tun, was wir von Euch erwarten und was ja auch in Eurer Macht steht – wenn Ihr es denn nur tun wolltet!«
Schließlich gab Harrison nach. Er reichte seine Konstruktionszeichnungen ein. Er lieferte eine schriftliche Beschreibung. Er versprach, vor einer von der Kommission zu benennenden Expertengruppe sein Wissen auszubreiten.
Am 14. August 1765 traf diese illustre Schar in Harrisons Haus am Red Lion Square ein. Das Uhrmachertribunal konnte stattfinden. Anwesend waren zwei Mathematikprofessoren aus Cambridge, John Michell und William Ludlam, die Harrison spöttisch als »Priester« oder »Pfaffen« bezeichnete. Drei bekannte Uhrmacher nahmen teil: Thomas Mudge, ein Mann, der selbst sehr daran interessiert war, Schiffsuhren zu bauen, William Mathews und Larcum Kendall, der bei John Jefferys in die Lehre gegangen war. Der sechste Gutachter war der renommierte Erbauer von wissenschaftlichen Instrumenten John Bird, der die Königliche Sternwarte mit großen Quadranten und

Instrumenten zur Kartographierung von Sternen beliefert und zahlreiche wissenschaftliche Expeditionen mit einzigartigen Apparaten ausgestattet hatte.

Nevil Maskelyne war ebenfalls erschienen.

Im Laufe der nächsten sechs Tage nahm Harrison die Taschenuhr Stück für Stück auseinander, erklärte – unter Eid – die Funktion eines jeden Bestandteils, beschrieb das Zusammenspiel der verschiedenen Neuerungen, das für nahezu vollkommene Ganggenauigkeit sorgte, und beantwortete alle Fragen, die man ihm stellte. Als es vorbei war, bescheinigten ihm die Gutachter in einem signierten Dokument, daß er nach ihrer Überzeugung alles gesagt habe, was er wisse.

Als *coup de grâce* verlangte die Kommission dann noch, Harrison müsse die Uhr wieder zusammenbauen und sie, in ihrem Kästchen verschlossen, abliefern, damit sie in einem Magazin der Admiralität aufbewahrt (genauer gesagt: als Geisel festgehalten) werden könne. Gleichzeitig mußte er mit der Anfertigung zweier Kopien beginnen – ohne die Uhr als Vorlage, ja sogar ohne seine Originalzeichnungen, die Maskelyne einer Druckerei übergeben hatte, damit sie kopiert, gestochen, in Buchform publiziert und so der Öffentlichkeit zugänglich gemacht würden.

Was für eine Zeit, um für ein Porträt Modell zu sitzen! Doch genau in dieser Phase malte King sein Bildnis von Harrison. Eine gewisse Ruhe mag sich in jenem Spätherbst auf sein Gesicht gelegt haben, nachdem er endlich die 10 000 Pfund erhalten hatte, die ihm von der Kommission zugesagt worden waren.

Anfang 1766 hörte Harrison erneut von Ferdinand Berthoud, der aus Paris eintraf, voller Hoffnung, diesmal das zu erreichen, was ihm bei seinem letzten Besuch in London 1763 versagt geblieben war: die Details der H-4-Konstruktion in Erfahrung zu bringen. Harrison war nicht geneigt, sich Berthoud anzuvertrauen. Warum sollte er ohne Zwang jemanden in seine Geheimnisse einweihen? Das Parlament war bereit gewesen, 10 000 Pfund zu zahlen, um von ihm etwas zu erfahren, was Berthoud für ein Butterbrot hören wollte. Im Auftrag der französischen Regierung bot Berthoud daraufhin 500 Pfund für eine private Vorführung der H-4. Harrison lehnte ab.

Berthoud hatte allerdings, noch vor seiner Reise nach London, mit Thomas Mudge korrespondiert, von Uhrmacher zu Uhrmacher. Und da er schon einmal in der Stadt war, besuchte er Mudge in dessen Geschäft in der Fleet Street. Anscheinend war weder Mudge noch irgendeiner der anderen Sachverständigen darauf hingewiesen worden, daß Harrisons Aussagen vertraulich zu behandeln seien. Während eines Essens mit Berthoud ließ sich Mudge jedenfalls über die H-4 aus. Er hatte die Uhr in Händen gehalten und war in die intimsten Einzelheiten eingeweiht. Dieses Wissen vertraute er Berthoud an und zeichnete an Ort und Stelle sogar ein paar grobe Skizzen.

Wie sich später erwies, griffen Berthoud und die anderen kontinentaleuropäischen Uhrmacher beim Bau ihrer eigenen Schiffsuhren nicht auf Harrisons Technik zurück. Dennoch hatte Harrison allen Grund, sich über die nachlässige Behandlung seines Dossiers zu ärgern.

Die Längenkommission klopfte Mudge zwar auf die Finger, war über seine Indiskretion aber nicht übermäßig verärgert. Außerdem gab es, neben dem Fall Harrison, noch andere Dinge, mit denen man sich befassen mußte – vor allem mit dem Antrag des Reverend Maskelyne, der vorschlug, jährlich ein Handbuch der nautischen Ephemeriden zu veröffentlichen, das Seeleuten bei der Bestimmung der Länge mittels Mondtabellen helfen sollte. Mit seiner Fülle vorausberechneter Daten würde es den Umfang der arithmetischen Berechnungen reduzieren, die der einzelne Navigator anstellen mußte, und so den für eine Positionsbestimmung nötigen Zeitaufwand dramatisch verringern – von vier Stunden auf etwa dreißig Minuten. Der Königliche Astronom erklärte sich bereit, die Verantwortung für dieses Projekt zu übernehmen. Die Kommission als der offizielle Herausgeber brauche ihm nur einen Fonds zur Verfügung zu stellen, damit er zwei menschliche Computer, die die Rechenoperationen ausführen sollten, und die Druckerrechnung bezahlen könne.

Maskelyne legte den ersten Band seines *Nautical Almanac and Astronomical Ephemeris* im Jahre 1766 vor und betreute die Publikation weiterer Bände bis zu seinem Tod 1811. Und noch mehrere Jahre danach verwendeten Seeleute sein Werk, da die Ausgabe von 1811 Vorausberechnungen bis 1815 enthielt. Dann übernahmen andere sein Erbe. Die Mondtabellen wurden bis 1907 veröffentlicht, und der Almanach erscheint bis auf den heutigen Tag.

Der *Almanac* – Maskelynes bleibender Beitrag zur Navigation – war die ideale Aufgabe für ihn, denn er enthielt eine unglaubliche Menge kleinster Details: Jeden Monat fügte er dem Band zwölf kleingedruckte Seiten von Angaben an, die Position des Mondes in bezug auf die Sonne und zehn Fixsterne wurde für alle drei Stunden berechnet. Alle waren sich einig, der *Almanac* und die *Requisite Tables* (die notwendigen

Tabellen) stellten die sicherste Methode der Positionsbestimmung auf See dar.

Im April 1766, als Harrisons Porträt vollendet war, versetzte ihm die Kommission einen weiteren Schlag, der durchaus geeignet war, seinen Gesichtsausdruck zu verändern.

Um alle noch bestehenden Zweifel auszuräumen, es könne sich bei der Ganggenauigkeit der H-4 um Zufall oder Glück handeln, beschloß die Kommission, die Uhr erneut zu prüfen, diesmal aber noch rigoroser als auf den beiden Schiffsfahrten. Zu diesem Zweck sollte der Zeitmesser von der Admiralität zur Königlichen Sternwarte gebracht und dort unter Aufsicht des Königlichen Astronomen Nevil Maskelyne zehn Monate lang täglich geprüft werden. Auch die großen Längengradapparate (die drei Schiffsuhren) sollten nach Greenwich geschafft werden, damit man ihre Ganggenauigkeit mit derjenigen der großen Regulatoruhr der Sternwarte vergleichen könne.

Man stelle sich Harrisons Reaktion vor, als er erfuhr, daß sein Schatz, die H-4, nachdem sie monatelang in einem einsamen Turm der Admiralität geschmachtet hatte, nun seinem Erzfeind übergeben worden war. Nur wenige Tage nach diesem Schock klopfte es an seiner Haustür. Draußen stand Maskelyne, unangemeldet, in der Hand ein offizielles Schriftstück, in dem die Einziehung der anderen Schiffsuhren verfügt wurde.

»Mr. John Harrison«, heißt es in diesem Dokument, »Wir, die Mitglieder der Kommission, eingesetzt kraft der vom Parlament erlassenen Gesetze zur Entdeckung der Länge auf See, fordern Euch hiermit auf, dem Rev. Nevil Maskelyne, Königlichem Astronomen zu Greenwich, die drei noch in Eurer Hand befindlichen Apparate oder auch Zeitmesser auszuhändigen, die in staatlichen Besitz übergehen sollen.«

Harrison hatte keine Wahl. Er führte Maskelyne in das Zimmer, in dem er die Uhren aufbewahrte, die dreißig Jahre seine vertrauten Freunde gewesen waren. Sie tickten alle, jede in ihrer charakteristischen Weise, wie eine Gruppe alter Freunde in lebhaftem Gespräch. Was kümmerte es sie schon, daß sie inzwischen überholt waren. Sie plauderten miteinander, ohne von der Weltöffentlichkeit Notiz zu nehmen, liebevoll umsorgt in diesem gemütlichen Raum.

Ehe Harrison sich von seinen Uhren trennte, bat er Maskelyne noch um ein Zugeständnis – er möge ihm schriftlich bestätigen, daß er die Zeitmesser in einwandfreiem Zustand übernommen habe. Maskelyne protestierte, räumte dann aber ein, daß die Apparate *dem äußeren Anschein nach* in einwandfreiem Zustand seien, und unterschrieb. Ärger und Erregung auf beiden Seiten steigerten sich immer mehr, so daß Harrison auf Maskelynes Frage, wie er die Zeitmesser transportieren solle (in ihrem derzeitigen Zustand oder teilweise zerlegt), verärgert darauf hinwies, daß jede Empfehlung zweifellos gegen ihn gewendet werden würde, sollte es zu einem Unglück kommen. Schließlich sagte er, daß die H-3 so transportiert werden könne, die H-1 und H-2 dagegen zum Teil auseinandergenommen werden müßten. Da er diesen Frevel nicht mitansehen mochte, ging er nach oben, um allein zu sein. Dort hörte er dann das Krachen eines Aufpralls im Erdgeschoß. Maskelynes Arbeiter, die die H-1 zu dem wartenden Pferdefuhrwerk hinaustrugen, hatten die Uhr *fallengelassen*. Aus Versehen natürlich.

Während die H-4, begleitet von Larcum Kendall, auf einem Boot die Themse hinuntergetragen wurde, um in Greenwich geprüft zu werden, rumpelten die drei großen Uhren in einem ungefederten Karren durch die Straßen Londons. Wie Harrison darauf reagierte, ist unschwer vorstellbar. Ein um 1770 entstandenes Medaillon, von James Tassie in Email gemalt, zeigt den Uhrmacher als einen alten Mann, dessen dünne Lippen in den Mundwinkeln deutlich heruntergezogen sind.

13

Die zweite Reise von Kapitän James Cook

Als der größte von Englands kühnen Seefahrern starb,
Hörte eines Wilden Ohr seinen letzten Seufzer,
Und fern von dem Land, das sein Andenken ehrt,
Sind die Gebeine verstreut auf einer tropischen Insel.
Ungerecht war das Schicksal, das ihn ereilte,
Ihn, der mit beispielloser Kraft, unendlichem Eifer
Jede Küste erforschte und jeden Ozean erklärte,
In Kälte, Sturm und in gemäßigten Zonen.

George B. Airy (sechster Königlicher Astronom)

Dolcoath

Sauerkraut.

Das war die Parole auf Kapitän James Cooks triumphaler zweiter Reise, zu der er 1772 aufbrach. Mit seiner Entscheidung, den Speisezettel der englischen Mannschaft durch Sauerkraut zu ergänzen (worüber nicht wenige Matrosen törichterweise die Nase rümpften), gelang es dem großen Weltumsegler, Skorbut an Bord zu verhindern. Sauerkraut ist nicht nur reich an Vitamin C, sondern auch unbegrenzt haltbar – zumindest für die Dauer einer Weltreise. Cook tischte seinen Leuten also Sauerkraut auf, und noch lange Jahre diente es auf See als Lebensretter, bis es von der Royal Navy durch Zitronensaft und noch später durch Limetten ersetzt wurde.

Weil Cook für die richtige Ernährung sorgte, standen ihm alle Mann an Bord für seine wissenschaftlichen Experimente und Erkundungen zur Verfügung. Er führte auch Feldversuche für die Längenkommission durch, indem er die Methode der Monddistanzen, die er als hervorragender Kapitän natürlich beherrschte, mit mehreren neuen Schiffsuhren verglich, die nach John Harrisons wunderbarem Zeitmesser angefertigt worden waren.

»Ich muß hier feststellen«, notierte er an Bord der *Resolution* in seinem Tagebuch, »daß ein Irrtum in der Längenbestimmung in der Tat nicht groß sein kann, solange wir einen so guten Leitfaden wie die Uhr haben.«

Harrison wäre es am liebsten gewesen, wenn Cook seine H-4 und nicht irgendeine Kopie oder Imitation mitgenommen hätte. Gern hätte er Erhalt oder Verweigerung der restlichen 10 000 Pfund von der Leistung der Uhr unter Cooks Aufsicht abhängig gemacht. Doch die Längenkommission erklärte, daß die H-4 solange in

London zu bleiben habe, bis die Rolle dieser Uhr im Hinblick auf das restliche Preisgeld geklärt sei.

Erstaunlicherweise hatte die H-4 – die sich bei zwei Seereisen bewährt hatte, von drei Kapitänen gelobt und sogar von der Längenkommission als präzises Instrument bezeichnet worden war – ihre zehnmonatige Prüfung an der Königlichen Sternwarte zu Greenwich (zwischen Mai 1766 und März 1767) nicht bestanden. Ihr Gang war erratisch, so daß sie manchmal bis zu zwanzig Sekunden pro Tag gewann. Das mag die bedauerliche Folge eines Schadens gewesen sein, der unter Umständen eingetreten sein könnte, als Harrison die Uhr der Kommission vorgeführt hatte. Es gab auch Stimmen, die meinten, Nevil Maskelyne habe die Uhr verhext oder sie während des täglichen Aufziehens ruppig behandelt. Andere beschwören, er habe die Prüfungsergebnisse bewußt manipuliert.

In der Tat war die Art und Weise, wie Maskelyne seine Daten zusammentrug, sehr merkwürdig. Er richtete das Experiment so ein, als würde der Zeitmesser sechs Reisen von jeweils sechs Wochen Dauer zu den Westindischen Inseln unternehmen – wie es der Longitude Act von 1714, der noch immer in Kraft war, vorschrieb. Unberücksichtigt blieb dabei, daß die Uhr offenbar beschädigt worden war, was sich darin zeigte, daß sie auf Temperaturschwankungen extrem stark reagierte, statt sich glatt und problemlos darauf einzustellen, wie es früher ihre Art gewesen war. Maskelyne rechnete, während sie auf einem Fenstersitz in der Sternwarte stand, einfach ihre Meßergebnisse von jeder »Reise« zusammen. Dann übersetzte er den Zeitgewinn in Längengrade und diese wiederum in eine Entfernung von nautischen Meilen, bezogen auf den Äquator. Auf ihrer ersten »Reise« beispielsweise gewann die H-4 dreizehn Minuten und zwanzig Sekunden oder 3 Grad 20 Minuten geographischer Länge und verfehlte so das Ziel um zweihundert nautische Meilen. Auf den folgenden Reisen funktionierte sie etwas besser, am besten auf der fünften Reise, als sie nur fünfundachtzig Meilen am erwünschten Ziel vorbeischoß, da sie fünf Minuten und vierzig Sekunden, das hieß 1 Grad 25 Minuten geographischer Länge, zugelegt hatte. Maskelyne schloß daraus, daß »Mr. Harrisons Uhr kein zuverlässiges Instrument ist, um auf einer Reise nach Westindien die Länge bis auf einen Grad genau zu bestimmen«.

Vorangegangene Protokolle bewiesen aber, daß Harrisons Uhr auf zwei *wirklichen* Reisen zu den Westindischen Inseln den Längengrad um nicht mehr als einen halben Grad verfehlt hatte.

Dennoch behauptete Maskelyne, daß man der Uhr bei einer sechswöchigen Reise bei der Positionsbestimmung auf See nicht trauen könne: »Sie vermag die Länge bei einer Abweichung von einem halben Grad höchstens für ein paar Tage zu bestimmen, und bei großer Kälte vielleicht nicht einmal so lange; gleichwohl ist sie eine nützliche und brauchbare Erfindung, und zusammen mit der Beobachtung der Distanzen des Mondes von der Sonne und den Fixsternen mag sie von beträchtlichem Nutzen für die Navigation sein.«

Mit diesem vorsichtigen Lob räumte Maskelyne taktvollerweise ein, daß die Methode der Monddistanzen einige größere Schwächen barg. Denn etwa sechs Tage im Monat nähert sich der Mond der Sonne, so daß er unsichtbar wird und keine Mondentfernungen gemessen werden können. In dieser Zeit war die H-4 tatsächlich »von beträchtlichem Nutzen für die Navigation«. Nützlich konnte ein Zeitmesser auch während jener dreizehn Tage jedes Monats sein, an denen der Mond zwar nachts zu sehen ist, aber von der Sonne aus gesehen auf der anderen Seite der Erde liegt. Da Navigatoren dann den allzugroßen Winkel zwischen den beiden Himmelskörpern in diesen zwei Wochen nicht gut bestimmen konnten, maßen sie die Entfernung zwischen dem Mond und bestimmten Fixsternen. Sie registrierten die Zeit ihrer nächtlichen Beobachtungen auf einer gewöhnlichen Uhr, die womöglich viel zu ungenau ging, als daß sich der ganze Aufwand gelohnt hätte. Mit einem Zeitmesser wie der H-4 an Bord konnten die Monddistanzen zeitlich präziser fixiert werden und führten daher zu zuverlässigeren Daten. Nach Maskelynes Ansicht konnte eine Uhr die Methode der Monddistanzen unterstützen, sie aber niemals ersetzen. Kurzum, Maskelyne hielt Harrisons Uhr für unzuverlässiger als die Sterne.

Harrison ging nun zum Angriff über. Er veröffentlichte seine Erwiderung in einer dünnen Sechs-Penny-Broschüre, die er auf eigene Kosten drucken, sicher aber mit Hilfe eines Ghostwriters schreiben ließ, denn sie ist in klarem, deutlichem Englisch formuliert. Seine Attacken galten nicht zuletzt den Männern, die Maskelynes täglichen Umgang mit der H-4 hätten kontrollieren sollen. Diese Personen wohnten im nahegelegenen Royal Greenwich Hospital, einem Heim für alte Seeleute. Harrison behauptete, diese betagten Herren seien viel zu klapprig, um den steilen Weg zur Sternwarte täglich zu bewältigen. Selbst wenn sie genügend Atem und Energie gehabt hätten, sie hätten es nie und nimmer gewagt, einen Königlichen Astronomen zu kritisieren. Statt dessen hätten sie bloß die Protokolle unterschrieben und alles bestätigt, was Maskelyne aufgezeichnet habe.

Außerdem habe man, klagte Harrison, die H-4 dem direkten Sonnenlicht ausgesetzt. Da sie in einer Kiste mit Glasdeckel sicher verwahrt worden sei, habe sie die gleiche drückende Hitze ertragen müssen, wie sie in einem Gewächshaus herrsche. Währenddessen habe das Thermometer zum Messen der Raumtemperatur auf der anderen Seite des Zimmers gelegen – im Schatten.

Maskelyne fühlte sich nicht bemüßigt, auf diese Vorwürfe zu reagieren. Er sprach nicht mehr mit den Harrisons und sie nicht mehr mit ihm.

Harrison erwartete, seine H-4 wieder zurückzubekommen, nachdem sie Maskelynes Behandlung hatte erdulden müssen. Er fragte bei der Längenkommission an, ob er seine Uhr zurückhaben könne. Die Kommission lehnte ab. Der vierundsiebzigjährige Harrison war also gezwungen, die zwei neuen Uhren nur auf der Grundlage seiner Erfahrungen und Erinnerungen an die H-4 zu bauen. Die Kommission stellte ihm als Anleitungshilfe einige Exemplare des Buches zur Verfügung, das seine eigenen Konstruktionszeichnungen enthielt – Maskelyne hatte es kurz zuvor unter dem

Titel *The Principles of Mr. Harrison's Timekeeper with Plates of the Same* (Die Prinzipien von Mr. Harrisons Zeitmesser mit Illustrationen derselben) veröffentlicht. Schließlich sollte es jedermann in die Lage versetzen, die H-4 nachzubauen. (Tatsächlich war die Beschreibung, da sie aus Harrisons Feder stammte, ganz und gar unverständlich.)

Auch der Uhrmacher Larcum Kendall wurde beauftragt, eine genaue Kopie anzufertigen, denn die Längenkommission wußte noch immer nicht eindeutig, ob die H-4 originalgetreu nachgebaut werden könne. Dies zeigt, daß die Kommission entschlossen war, an *ihrer* Interpretation des *Geistes* des Longitude Act festzuhalten, denn im ursprünglichen Gesetzestext war nie die Rede davon gewesen, daß die »praktikable und nützliche Methode« von ihrem Erfinder oder sonst jemandem nachbaubar sein müsse.

Kendall, ein Mann, den Harrison kannte und achtete, war bei John Jefferys in die Lehre gegangen. Er mag bei der Anfertigung von Jefferys' Taschenuhr, vielleicht auch beim Bau der H-4 mitgeholfen haben. Er war ebenfalls als einer der Sachverständigen bei der sechstägigen »Präsentation« der H-4 zugegen gewesen. Kurzum, er war der ideale Mann, den Nachbau vorzunehmen. Selbst Harrison stimmte dem zu.

Zweieinhalb Jahre brauchte Kendall, um seine Arbeit zu vollenden. Als die Längenkommission im Januar 1770 die K-1 erhielt, rief sie das Expertenteam wieder zusammen, das die H-4 geprüft hatte, denn diese Männer würden am ehesten beurteilen können, ob die beiden Uhren einander in jeder Hinsicht entsprachen. Also kamen John Michell, William Ludlam, Thomas Mudge, William Mathews und John Bird zusammen, um die K-1 in Augenschein zu nehmen. Kendall blieb der Sitzung diesmal fern – wie es sich gehörte. Sein Platz wurde naheliegenderweise von William Harrison eingenommen. Nach allgemeiner Auffassung war die K-1 das genaue Ebenbild der H-4 – bis auf den Umstand, daß die Rückplatine der K-1, auf der Kendall seinen Namen eingraviert hatte, noch reicher und dekorativer ziseliert war.

William Harrison sparte nicht mit Lob. Er erklärte der Kommission, daß Kendalls Arbeit in mancherlei Hinsicht sogar der seines Vaters überlegen sei. Er muß diese Worte später verflucht haben, als die K-1 und nicht die H-4 ausersehen wurde, mit Kapitän Cook den Pazifik zu befahren.

Diese Entscheidung hatte nichts damit zu tun, welche der beiden Uhren die bessere war, denn die Kommission betrachtete H-4 und K-1 als eineiige Zwillinge.

Es war nur so, daß sie der H-4 Reiseverbot erteilt hatte. Also nahm Cook die K-1 auf seine Weltreise mit, außerdem drei billigere Imitationen, die ihm ein junger Chronometermacher namens John Arnold angeboten hatte.

1770 hatte Harrison – trotz seiner berechtigten Empörung, trotz hohem Alter, schlechten Augen und regelmäßigen Gichtanfällen – die erste der beiden Uhren fertiggestellt, die er der Kommission vorlegen mußte. Dieser Zeitmesser, heute unter dem Namen H-5 bekannt, ist im Innern genau so kompliziert wie die H-4, wirkt äußerlich aber sehr viel nüchterner. Keine dekorativen Motive zieren das Zifferblatt. Der kleine Sternchenring in der Mitte sieht aus wie eine hübsche kleine Blume mit acht Blütenblättern. Tatsächlich handelt es sich um einen Rändelknopf, der sich durch den Glasdeckel über dem Zifferblatt bohrt; mit ihm kann man die Zeiger verstellen, ohne den Glasdeckel öffnen zu müssen, wodurch das Werk vor Staub geschützt wird.

Vielleicht hatte sich Harrison die Sternchenblume auch als unterschwellige Botschaft vorgestellt. Da sie an eine Kompaßrose erinnert, denkt man an jenes ältere Instrument, den Magnetkompaß, der Seeleuten schon seit langen Zeiten als vertrauter Wegweiser diente.

Die Rückplatine der H-5 wirkt im Vergleich zu jener der reich verzierten H-4 geradezu nüchtern und streng. Die H-5 ist überhaupt das Werk eines trauriger, aber auch weiser gewordenen Mannes, der nun tun mußte, was er einst freiwillig, ja mit großer Begeisterung getan hatte. Dennoch ist die H-5 in ihrer Schlichtheit wunderschön. Sie steht heute im Mittelpunkt des Museums der Company of Clockmakers in der Londoner Guildhall, buchstäblich im Zentrum des Raumes ruht sie auf dem verschlissenen, roten Satinkissen in ihrem originalen Holzkasten.

Nachdem Harrison diese Uhr innerhalb von drei Jahren gebaut hatte, benötigte er noch einmal zwei Jahre, um sie zu erproben und zu justieren. Schließlich stellte sie ihn zufrieden. Er war jetzt neunundsiebzig. Er wußte nicht, wie er ein zweites Projekt von solchen Dimensionen bewältigen sollte. Selbst wenn er die Arbeit zu Ende brachte, die offiziellen Prüfungen würden sich sehr wahrscheinlich bis ins nächste Jahrzehnt erstrecken, was er von seinem Leben gewiß nicht sagen konnte. In dieser Situation, mit dem Rücken an der Wand, ohne Aussicht auf Gerechtigkeit, faßte er den kühnen Entschluß, sich direkt an den König zu wenden.

Seine Majestät Georg III. hatte als wissenschaftlich

interessierter Monarch die Erprobungen der H-4 aufmerksam verfolgt. Er hatte John und William sogar eine Audienz gewährt, als die H-4 von ihrer ersten Reise nach Jamaika zurückkehrte. Später ließ er sich in Richmond eine private Sternwarte bauen, gerade rechtzeitig, um den Venusdurchgang von 1769 beobachten zu können.

Im Januar 1772 schrieb William dem König einen ergreifenden Brief, in dem er den Konflikt zwischen seinem Vater und der Längenkommission sowie der Königlichen Sternwarte ausführlich darlegte. Höflich, ja, flehend, fragte er, ob man die neue Uhr (H-5) »für einen gewissen Zeitraum in die Sternwarte zu Richmond bringen dürfe, damit der Grad ihrer Präzision ermittelt und dargetan werde«.

Der König lud William daraufhin zu einem längerem Gespräch nach Schloß Windsor ein. Einem späteren Bericht zufolge, den Williams Sohn John im Jahre 1835 niederschrieb, soll der König gemurmelt haben: »Diese Leute sind grausam behandelt worden.« Laut versprach er William: »Bei Gott, Harrison, ich werde dafür sorgen, daß Ihr zu Eurem Recht kommt!«

Getreu seinem Wort übergab Georg III. die Uhr an den Direktor seiner Sternwarte, seinen privaten Tutor S. C. T. Demainbray, zu einer sechswöchigen Erprobung, die an das Verfahren erinnert, das Maskelyne angewendet hatte. Wie bei vorangegangenen Erprobungen zu Land und zu See wurde die H-5 in ihrem Kästchen verschlossen, und drei Personen bekamen jeweils einen Schlüssel: Dr. Demainbray, William und der König. Diese Männer trafen sich täglich zur Mittagsstunde in der Sternwarte, um die Uhr aufzuziehen und mit dem Regulator des Observatoriums zu vergleichen.

Trotz dieser respektvollen Behandlung benahm sich die Uhr zunächst gar nicht gut. Sie spielte verrückt, ging vor und nach, was den Harrisons natürlich höchst peinlich war. Da erinnerte sich der König, daß er in einem Schrank ganz in der Nähe der Uhr einige natürliche Magnetiten aufbewahrte, die er nun sofort entfernte. Erlöst von der merkwürdigen Anziehungskraft der Steine auf ihre Teile, fand die H-5 zu ihrer Ausgeglichenheit zurück und entsprach den in sie gesetzten Erwartungen.

Um allen Einwänden von Harrisons Feinden zuvorzukommen, beschloß der König, die Probezeit zu verlängern. Nach zehn Wochen täglicher Beobachtung zwischen Mai und Juli 1772 war er stolz darauf, diesen neuen Zeitmesser verteidigen zu können, denn es hatte sich gezeigt, daß die Fehlanzeige der H-5 nur bei etwa einer Drittelsekunde pro Tag lag.

Georg III. nahm die Harrisons unter seine Fittiche und half ihnen, die halsstarrige Längenkommission zu umgehen, indem er direkt an den Premierminister Lord North sowie an das Parlament appellierte, »nackte Gerechtigkeit« (wie William schrieb) walten zu lassen.

Von der Regierung unter Druck gesetzt, trat die Längenkommission am 24. April 1773 zusammen, um in Anwesenheit von zwei Vertretern des Parlaments den verworrenen Fall Harrison erneut aufzurollen. Drei Tage später kam die Sache im Parlament zur Sprache. Gemäß der Empfehlung des Königs verzichtete Harrison auf sein juristisches Gepolter und appellierte einfach an das Herz der Minister. Er sei ein alter Mann. Er habe sein Leben diesem grandiosen Projekt gewidmet. Und obwohl seine Methode erfolgreich sei, habe man ihm nur den halben Preis zugesprochen und außerdem neue, unmögliche Forderungen gestellt.

Dieser Weg führte ans Ziel. Bis zur Verabschiedung des endgültigen Beschlusses vergingen zwar noch ein paar Wochen, doch Ende Juni erhielt Harrison schließlich die Summe von 8750 Pfund. Dies entsprach knapp dem restlichen Preisgeld, das ihm zustand, aber der begehrte Preis war es *nicht*. Es war vielmehr eine milde Gabe, wohlwollend zuerkannt –

vom Parlament, trotz der Längenkommission und nicht von ihr.

Wenig später wurde ein Gesetz erlassen, das die Bedingungen für den Längengradpreis neu formulierte und alle bisherigen Bestimmungen ungültig machte. Die Prüfungen sollten noch rigoroser sein: Jedes Uhrenmodell mußte in zwei Exemplaren eingereicht und für die Dauer eines ganzen Jahres in Greenwich geprüft werden, anschließend auf zwei Seereisen rund um die Britischen Inseln (einmal in westlicher, einmal in östlicher Richtung) sowie auf beliebig vielen anderen Reisen zu Zielen, die die Kommission bestimmen konnte. Zum Schluß sollten die Uhren noch einmal zwölf Monate lang in der Königlichen Sternwarte geprüft werden. Maskelyne soll vergnügt ausgerufen haben, daß das Gesetz »den Mechanikern einen Knochen hingeworfen [habe], an dem sie sich die Zähne ausbeißen werden«.

Es waren prophetische Worte, denn der Preis wurde nie verliehen.

Harrison fühlte sich jedoch erneut gerechtfertigt, als Cook im Juli 1775 von seiner zweiten Reise zurückkehrte, voll des Lobes über die Methode, die Länge mit Hilfe eines Zeitmessers zu bestimmen.

»Mr. Kendalls Uhr (welche £ 450 kostete)«, berichtete Cook, »hat die Erwartungen ihres leidenschaftlichsten Anwalts übertroffen und war, hier und da anhand von Mondbeobachtungen korrigiert, unser treuer Führer durch alle Widrigkeiten des Klimas.«

Im Logbuch der H. M. S. *Resolution* finden sich zahlreiche Verweise auf die Uhr, die Cook als »unseren zuverlässigen Freund« oder »unseren nie versagenden Führer« bezeichnete. Mit ihrer Hilfe stellte er die erste – außerordentlich präzise – Karte der Südseeinseln her.

»Ich würde Mr. Harrison und Mr. Kendall Unrecht tun«, notierte Cook in seinem Logbuch, »wenn ich nicht einräumte, daß wir von diesem nützlichen und wertvollen Zeitmesser sehr große Unterstützung erhalten haben.«

So angetan war Cook von der K-1, daß er sie auf seine dritte Expedition mitnahm, die am 12. Juli 1776 begann. Diese Reise verlief nicht so glücklich wie die beiden ersten. Trotz seiner diplomatischen Art und allen Bemühungen, den Einwohnern der Inseln mit Respekt zu begegnen, kam es im hawaiischen Archipel zu ernsten Schwierigkeiten.

Bei ihrer ersten Begegnung war er von den Eingeborenen, für die er der erste Weiße war, den sie je gesehen hatten, als Verkörperung ihres Gottes Lono begrüßt worden. Doch als er ein paar Monate später von seiner Erkundung der nordwestamerikanischen Küste zu ihnen zurückkehrte, wuchsen die Spannungen, und er mußte hastig in See stechen. Wenige Tage später zwang ihn ein beschädigter Besanmast der *Resolution*, zur Kealakekua-Bucht zurückzukehren. Bei den sich anschließenden Feindseligkeiten wurde Cook ermordet. Einem zeitgenössischen Bericht zufolge soll die K-1 in dem Augenblick stehengeblieben sein, als der Kapitän starb.

14

Die Massenproduktion einer genialen Erfindung

Die Sterne sind nicht mehr erwünscht; mach sie alle aus,
Pack den Mond ein und bau die Sonne ab.

W. H. Auden

Song

Als John Harrison am 24. März 1776 starb, auf den Tag genau dreiundachtzig Jahre nach seiner Geburt 1693, genoß er unter Uhrmachern den Ruf eines Märtyrers.

Jahrzehntelang hatte er, ganz auf sich gestellt, als einziger auf der Welt ernsthaft versucht, das Längengradproblem mit Hilfe eines Zeitmessers zu lösen. Und plötzlich, nach dem Erfolg seiner H-4, verlegten sich die Uhrmacher scharenweise auf den Bau von

Schiffschronometern. In England entwickelte sich ein boomender Industriezweig. Einige moderne Horologen behaupten sogar, daß Harrisons Erfindung die englische Vorherrschaft über die Ozeane erleichtert und letztlich zur Schaffung des britischen Empire geführt habe – denn nur dank des Chronometers habe England die Wellen beherrscht.

In Paris perfektionierten die großen Uhrmacher Pierre Le Roy und Ferdinand Berthoud ihre *montres marines* und *horloges marines*, aber keiner dieser beiden Erzrivalen hat je einen Zeitmesser hervorgebracht, der schnell und billig nachgebaut werden konnte.

Harrisons Uhr war, woran ihn die Längenkommission immer wieder erinnerte, viel zu kompliziert für einen massenhaften Nachbau und auch zu teuer. Als Larcum Kendall sie kopierte, bekam er für seine gut zweijährige Arbeit 500 Pfund. Als die Kommission ihn bat, andere Uhrmacher auszubilden, um weitere Stücke herzustellen, lehnte er mit dem Hinweis ab, daß die Uhr weitaus zu teuer sei.

»Ich bin der Ansicht«, erklärte Kendall, »daß es noch viele Jahre dauern wird, bevor eine Uhr der Bauart, wie Mr. Harrison sie entwickelt hat, für 200 Pfund hergestellt werden kann – wenn das überhaupt möglich ist.«

Für einen Bruchteil dieser Summe, etwa zwanzig Pfund, konnten Seeleute einen guten Sextanten und ein Exemplar der Mondtabellen erwerben. Angesichts eines so eklatanten Kostenunterschieds zwischen den beiden Verfahren mußte der Schiffschronometer schon mehr bieten als nur leichte Handhabbarkeit und größere Präzision. Er mußte billiger werden.

Kendall versuchte, Harrison mit einer billigen Imitation der originalen H-4 zu übertrumpfen, und baute seine K-1. 1772, nach weiteren zwei Jahren Arbeit, war die K-2 fertig. Dafür erhielt er 200 Pfund von der Längenkommission. Obwohl die K-2 etwa so groß war wie die K-1 und die H-4, war sie technisch von minderem Wert, weil Kendall auf das Remontoir verzichtet hatte, den Mechanismus, der die Energie der Hauptfeder gleichmäßig an das Werk abgibt, so daß die Kraft, die auf die Zeitbasis wirkt, gleichbleibt, ob die Uhr nun gerade aufgezogen worden ist oder kurz vor dem Ablaufen steht. Ohne diesen Zwischenaufzug ging die aufgezogene Uhr erst schnell und wurde mit dem Ablaufen der Hauptfeder immer langsamer. Das Remontoir der H-4 war von allen Sachverständigen begrüßt worden. Ohne Remontoir zeigte die K-2 während der Erprobung in Greenwich nur eine schwache Leistung.

Die K-2 hat jedoch einige der berühmtesten Reisen in den Annalen der Schiffahrt begleitet. Die Uhr war bei einer Nordpolexpedition dabei, verbrachte mehrere Jahre in Nordamerika, segelte nach Afrika und fuhr unter Kapitän William Bligh auf der *Bounty*. Blighs Jähzorn waren der Stoff von Legenden; eher unbekannt an seiner Geschichte ist jedoch, daß die Meuterer, als sie sich 1789 nach Pitcairn absetzten, die K-2 mitgehen ließen. Bis 1808 befand sich die Uhr dort, ehe sie von dem Kapitän eines amerikanischen Walfängerschiffs erworben wurde und abermals auf Abenteuerreise ging.

1774 baute Kendall eine dritte, noch billigere Uhr (ohne Diamanten diesmal), die er der Kommission für 100 Pfund verkaufte. Die K-3 war nicht besser als die K-2, nahm aber an Bord der H. M. S. *Discovery* an Cooks dritter Reise nach Nordamerika und Hawaii teil. (William Bligh war auf dieser Fahrt übrigens Navigator. Und während Cook auf Hawaii den Tod fand, wurde Bligh später zum Gouverneur von New South Wales in Australien ernannt, wo er während der Rum-Rebellion von meuternden Soldaten gefangengenommen wurde.)

Keine von Kendalls Innovationen kam an seinen meisterhaften Nachbau K-1 heran. Bald gab er es auf, neue Ideen auszuprobieren, einfallsreichere Leute hatten ihn längst überholt.

Zu ihnen zählte auch der Londoner Uhrmacher Thomas Mudge, der sein Handwerk bei dem »ehrlichen George« Graham erlernt hatte. Wie Kendall war auch Mudge bei der Zerlegung und Erörterung von Harrisons H-4 zugegen gewesen. Er war es, der Einzelheiten bei einem Essen an Ferdinand Berthoud weitergab, wenngleich er schwor, nichts Böses im Sinn gehabt zu haben. Mudge hatte sich als guter Handwerker und Kaufmann einen Namen gemacht. 1774 baute er seine erste Schiffsuhr, in die viele von Harrisons Ideen in verbesserter Form eingingen. Seine Uhr, innen und außen wunderschön ausgeführt, verfügte über ein besonderes Remontoir, besaß ein achteckiges Gehäuse und war auf der Stirnseite mit fein ziselierten, silbernen Motiven ausgeschmückt. 1777 baute er zwei bis auf die Farbe ihrer Gehäuse identische Uhren – »Grün« und »Blau« genannt –, mit denen er sich tatsächlich um die verbleibenden 10 000 Pfund des Längengradpreises bewarb.

Während seine erste Uhr in Greenwich geprüft wurde, blieb sie aufgrund unachtsamer Behandlung stehen, und einen Monat später brach der Königliche Astronom Maskelyne die Hauptfeder der Uhr. Der

verärgerte Mudge nahm daraufhin Harrisons Stelle als Maskelynes neuer Sparringspartner ein. Die beiden erhielten einen lebhaften Meinungsaustausch aufrecht, bis Mudge Anfang der 1790er Jahre erkrankte. Daraufhin führte Thomas Mudge jr. den Streit fort, teilweise in Form von Pamphleten. Schließlich sprach ihm die Längenkommission in Anerkennung der Verdienste seines Vaters die Summe von 3 000 Pfund zu.
Während Kendall und Mudge zu Lebzeiten je drei Schiffsuhren bauten und Harrison fünf, stellte John Arnold eine Serie von hundert Uhren von hoher Qualität her. Möglicherweise waren es noch mehr, denn der raffinierte Geschäftsmann Arnold versah etliche Uhren, die keineswegs die ersten einer Baureihe waren, mit einer eingravierten »Nr. 1«. Das Geheimnis von Arnolds rascher Arbeitsweise bestand darin, daß er die Routinearbeiten zum überwiegenden Teil an andere Handwerker delegierte und nur die schwierigen Arbeiten selbst übernahm, vor allem das präzise Einstellen der Uhr.
In der Zeit, als Arnolds Stern im Aufsteigen begriffen war, bürgerte sich der Ausdruck Chronometer als allgemeine Bezeichnung für die Schiffsuhr ein. Jeremy Thacker hatte diese Bezeichnung 1714 geprägt, aber sie setzte sich erst 1779 durch, als Alexander Dal-

rymple von der Ostindiengesellschaft sie im Titel seiner Schrift *Some Notes Useful to Those Who Have Chronometers at Sea* (Einige Notizen, die jenen nützlich sind, die Chronometer auf See haben) verwendete.

»Der Apparat für die Zeitmessung auf See wird hier als Chronometer bezeichnet«, erklärte Dalrymple, »da ein so wertvoller Apparat es verdient hat, mit einem Namen statt durch eine Definition bekannt zu werden.«

Arnolds erste drei Chronometer in quadratischen Gehäusen, die er der Längenkommission präsentierte, gingen, genau wie die K-1, mit Kapitän Cook auf Fahrt. Das Trio war auf der Reise in die Antarktis und den Südpazifik (1772–75) dabei. Die »Widrigkeiten des Klimas«, wie Cook die Skala unterschiedlichster Wetterbedingungen genannt hatte, sorgten dafür, daß Arnolds Uhren ungenau gingen. Cook zeigte sich von ihrer Leistung wenig beeindruckt.

Die Kommission strich daraufhin die Mittel für Arnold. Doch der junge Uhrmacher ließ sich dadurch nicht entmutigen, es spornte ihn im Gegenteil an, neue Ideen zu entwickeln, die er allesamt patentieren ließ und ständig verbesserte. 1779 sorgte sein Taschenchronometer (»Nr. 36«) für eine Sensation. Die Uhr war wirklich so klein, daß man sie in der Tasche tragen konnte, und Maskelyne und seine Stellvertreter trugen sie zum Zwecke der Prüfung dreizehn Monate in der Weste mit sich herum. Pro vierundzwanzig Stunden ging die Uhr nie um mehr als drei Sekunden falsch.

Unterdessen übte sich Arnold mehr und mehr in der Produktion größerer Stückzahlen. 1785 eröffnete er in Well Mall bei London eine Fabrik. Sein Konkurrent, Thomas Mudge jr., versuchte ihm nachzueifern und ließ etwa dreißig Modelle von Chronometern seines Vaters nachbauen. Mudge jr. war jedoch Anwalt und kein Uhrmacher. Kein Zeitmesser, der seine Fabrik verließ, konnte es an Präzision mit den drei Originalen seines Vaters aufnehmen. Gleichwohl kostete ein Mudge-Chronometer doppelt soviel wie einer aus der Arnoldschen Uhrenfabrik.

Arnold ging in allem sehr methodisch vor. Bekannt wurde er schon als Zwanzigjähriger im Jahre 1764 durch eine schöne Miniaturuhr von nur einen halben Zoll Durchmesser, die er in einen Fingerring einsetzte und König Georg III. zum Geschenk machte. Arnold heiratete, *nachdem* er beschlossen hatte, sich als Hersteller von Schiffsuhren zu etablieren. Er nahm sich eine Frau, die nicht nur vermögend, sondern auch bereit war, ihn privat wie beruflich zu unterstützen. Sie hatten nur ein Kind, John Roger, auf den sie all ihre Hoffnungen setzten. John Roger, der ebenfalls bereit war, sich den Interessen des Familienunternehmens unterzuordnen, ging in Paris bei den besten Uhrmachern, die sein Vater natürlich ausgewählt hatte, in die Lehre und wurde 1784 schließlich sein Geschäftspartner, woraufhin die Firma in Arnold & Sohn umbenannt wurde.

Arnold sen. blieb aber immer der bessere Uhrmacher von den beiden. Er sprudelte nur so vor Ideen, und viele von ihnen setzte er in seinen Uhren um. Seine größten Verkaufsschlager waren zumeist geschickte Vereinfachungen von komplizierten Mechanismen, die Harrison entwickelt hatte.

Arnolds stärkster Konkurrent war Thomas Earnshaw, mit dem das Zeitalter der modernen Chronometer eigentlich erst beginnt. Earnshaw reduzierte Harrisons Komplexität und Arnolds Produktivität zu einer fast platonisch essentiellen Form des Chronometers. Ebenso wichtig war, daß er eine der wichtigsten Erfindungen Harrisons endlich verwirklichte und praktikabel machte, indem er ein Werk konstruierte, das nicht geölt werden mußte.

Earnshaw besaß nicht die Raffinesse und den Geschäftssinn Arnolds. Er heiratete eine arme Frau, zeugte zu viele Kinder und war so ungeschickt in Gelddingen, daß er sogar eine Weile im Schuldturm saß. Trotzdem war er es, der aus dem Chronometer, einer einst nur auf Bestellung angefertigten Kuriosität, ein fließbandmäßig hergestelltes Produkt machte. Seine eigene wirtschaftliche Not mag ihn dazu getrieben haben. Indem Earnshaw bei einem einzigen Grundmodell blieb (anders als Arnold, dessen überbordender Einfallsreichtum fast schon geschäftsschädigend war), konnte er einen Earnshaw-Chronometer in rund zwei Monaten produzieren und verkaufen.

Arnold und Earnshaw waren indes nicht nur kommerzielle Konkurrenten, sondern auch erbitterte Gegner im Streit um die Frage, wem die Anerkennung für die Erfindung des entscheidenden Elementes jeden Chronometers gebührte, der Federhemmung. Die Hemmung ist das Herz einer jeden Uhr. In einem vom Regulator der Uhr bestimmten Rhythmus blockiert und gibt sie die Energiezufuhr frei. Entscheidend für einen Chronometer, der die Zeit präzis messen will, ist die Art der Hemmung. Harrison hatte in den großen Schiffsuhren seine Grasshopper-Hemmung verwendet, dann, in der H-4, eine brillant modifizierte Form der altmodischen Spindelhemmung. Mudge wurde als Erfinder der Ankerhemmung berühmt, die in fast allen mechanischen Armband- und Taschenuhren verwendet wurde, wie sie bis zur Mitte des zwanzigsten Jahrhunderts gebaut wurden, unter anderem in der berühmten Ingersoll-Dollar-Uhr, der originalen Mickey-Mouse-Uhr und den frühen Timex-Uhren. Arnold war durchaus zufrieden mit seiner Spitzzahnhemmung – bis er 1782 von Earnshaws Federhemmung hörte. Er erkannte sofort, daß dieser neue Unruhtyp, der mit einer Feder arbeitete, nicht mehr geölt werden mußte.

Arnold bekam, wie er behauptete, nie eine Earnshaw-Hemmung zu sehen, aber er entwickelte ein eigenes Modell dieses Typs, das er sich sofort patentieren ließ. Earnshaw, der nicht das Geld besaß, um sich seine Erfindung patentieren zu lassen, konnte aber trotzdem anhand von Uhren, die er gebaut hatte, nachweisen, daß die Erfindung auf ihn zurückging. Und er konnte die gemeinschaftliche Patentvereinbarung vorlegen, die er mit dem bekannten Uhrmacher Thomas Wright geschlossen hatte.

Der Streit zwischen Arnold und Earnshaw polarisierte die gesamte Londoner Uhrmacherwelt, ganz zu schweigen von der Royal Society und der Längenkommission. Unmengen von Tinte und Galle wurden von beiden Parteien und ihren jeweiligen Anhängern versprüht. Genügend Material kam zutage, das zu beweisen schien, daß Arnold in eine von Earnshaws Uhren hineingeguckt hatte, ehe er zum Patentamt gegangen war, aber konnte man sicher sein, daß er nicht auch selbständig auf einen solchen Mechanismus gekommen wäre? Arnold und Earnshaw legten ihre Meinungsverschiedenheiten nie bei. Noch heute streiten sich die Historiker, finden immer neue Beweise und ergreifen in dem alten Konflikt Partei.

Von Maskelyne angetrieben, erklärte die Längenkommission im Jahre 1803, daß Earnshaws Chronometer genauer gingen als irgendeine andere Uhr, die bis dahin in der Königlichen Sternwarte geprüft worden sei. Maskelyne hatte endlich einen Uhrmacher kennengelernt, den er leiden konnte, wenngleich nicht ganz klar ist, warum. Wie auch immer, Earnshaws handwerkliche Meisterschaft veranlaßte den Königlichen Astronomen, ihm Ratschläge zu erteilen, ihn zu ermutigen und ihm die Reparatur von Uhren der Sternwarte zu übertragen – ein System der Patronage, das mehr als ein Jahrzehnt funktionierte. Earnshaw aber, der sich selbst als »von Natur aus reizbar« bezeichnete, machte Maskelyne all die Schwierigkeiten, die dieser bei einem »Mechaniker« zweifellos schon erwartet hatte. Beispielsweise kritisierte er das Prinzip, Chronometer über ein ganzes Jahr hinweg zu erproben, und erreichte, daß Maskelyne die Dauer der Prüfung auf sechs Monate verkürzte.

1805 sprach die Längenkommission Thomas Earnshaw und John Roger Arnold (Arnold sen. war 1799 gestorben) jeweils 3 000 Pfund zu – einen Betrag, den auch die Erben von Mayer und Mudge erhalten hatten. Earnshaw machte seinen Ärger publik, denn er fand, er habe einen größeren Anteil verdient. Zu seinem Glück ermöglichte ihm sein kommerzieller Erfolg inzwischen ein sorgenfreies Leben.

Die Kapitäne der East India Company und der Royal Navy strömten zu den Chronometerfabriken. Auf dem Höhepunkt des Arnold-Earnshaw-Streits in den 1780er Jahren war der Preis für einen Arnold-Chronometer auf etwa 80 Pfund gefallen und für einen Earnshaw auf 65 Pfund. Taschenchronometer waren noch billiger. Obgleich Flottenoffiziere ihre Schiffsuhren aus eigener Tasche bezahlen mußten, waren sie an einem Erwerb höchst interessiert. Das beweisen Logbücher aus den 1780er Jahren, in denen immer wieder auf die tägliche Längenbestimmung mittels Chronometer hingewiesen wird. 1791 gab die East India Company an die Kapitäne ihrer Handelsschiffe neue Logbücher mit vorgedruckten Seiten aus, die eine extra Spalte für »Länge mittels Chronometer« aufwiesen. Viele Flottenkapitäne verließen sich weiterhin auf die Mondtabellen, wenn die meteorologischen Verhältnisse das zuließen, doch die Glaubwürdigkeit des Chronometers wuchs unaufhaltsam. Immer wieder stellte sich bei Vergleichen auf See heraus, daß Chronometer erheblich präziser waren als die Mondtabellen, zumal sie einfacher zu handhaben waren. Die umständliche Methode der Monddistanzen, die eine Reihe astronomischer Beobachtungen, Konsultation von Ephemeriden und dazu noch korrigierende Berechnungen erforderlich machte, öffnete Fehlern Tür und Tor.

Um die Jahrhundertwende hatte die britische Marine in der Marineakademie von Portsmouth einen Vorrat an Chronometern angelegt, so daß sich Kapitäne, die von diesem Hafen aus in See gingen, mit einer Schiffsuhr versorgen konnten. Da das Angebot klein war und die Nachfrage groß, verließen Kapitäne das Chronometerdepot aber häufig mit leeren Händen und kauften sich weiterhin ihre eigenen Uhren.

Arnold, Earnshaw und immer mehr zeitgenössische Uhrmacher verkauften in England und anderswo Chronometer zur Verwendung auf Kriegs- und Handelsschiffen und sogar auf Vergnügungsjachten. Während es 1737 weltweit nur einen einzigen Schiffschronometer gegeben hatte, gab es 1815 insgesamt etwa fünftausend.

Als die Längenkommission sich 1828 auflöste, weil der Longitude Act aufgehoben wurde, war es zuletzt ironischerweise ihr Auftrag gewesen, Chronometer zu prüfen und an Schiffe der Royal Navy zu vergeben. 1829 übernahm der Hydrograph der Marine (der Chefkartograph) diese Funktion. Das war eine verantwortungsvolle Aufgabe, da zu ihr unter anderem das Einstellen neuer und die Reparatur alter Uhren gehörte, außerdem der Überlandtransport der Chronometer von der Fabrik zum Hafen und wieder zurück.

Es war nicht ungewöhnlich, zwei, ja sogar drei Chronometer an Bord zu haben, die man gegeneinander abglich. Größere Forschungsschiffe hatten manchmal bis zu vierzig Chronometer dabei. Die H. M. S. *Beagle*, die 1831 zur Vermessung der geographischen Länge unbekannter Territorien aufbrach, hatte zweiundzwanzig Chronometer an Bord – elf hatte die Admiralität bereitgestellt, sechs gehörten Kapitän Robert Fitzroy, und die restlichen fünf hatte er ausgeliehen. Während der langen Reise der *Beagle* machte der offizielle Naturforscher der Expedition, der junge Charles Darwin, Bekanntschaft mit der Wildnis der Galapagos-Inseln.

1860, als die Royal Navy weniger als zweihundert

Schiffe auf den sieben Meeren zählte, besaß sie ungefähr achthundert Chronometer. Dies war eindeutig eine Idee, deren Zeit gekommen war. Der enorme praktische Nutzen der Harrisonschen Methode war so gründlich bewiesen, daß ihr einst mächtiger Konkurrent, die Methode der Monddistanzen, einfach nicht mehr in Erscheinung trat. Nachdem sich der Chronometer auf allen Schiffen durchgesetzt hatte, wurde er bald so selbstverständlich hingenommen wie andere unerläßliche Apparate auch, und seine lange umstrittene Geschichte verschwand zusammen mit dem Namen seines Erfinders aus dem Bewußtsein der Seeleute, die ihn tagtäglich benutzten.

15

Im Hof des Meridians

»Was nützen uns Mercators Nordpol und Äquator,
Wendekreise, Zonen und Meridiane?«
Sprach der Büttel sonor. Darauf die Mannschaft im Chor:
»Das sind nur konventionelle Zeichen!«

Lewis Carroll

Die Jagd nach dem Schnark

Ich stehe auf dem Nullmeridian der Welt, dem Mittelpunkt von Zeit und Raum, buchstäblich auf der Stelle, wo sich Ost und West treffen. Der Meridian verläuft genau durch den Hof der alten Königlichen Sternwarte. Nachts wird die glasbedeckte Meridianlinie von unten angestrahlt, so daß sie wie ein künstlicher Ozeangraben leuchtet, der den Globus mit derselben Autorität in zwei gleich große Hälften spaltet wie der Äquator. Und es gibt noch eine kleine zusätzliche Spielerei nach Einbruch der Dunkelheit: Ein grüner Laserstrahl projiziert den Meridian in den Himmel, so daß man ihn noch meilenweit in den Tälern von Essex sehen kann.

Unaufhaltsam wie ein Comic-Book-Held bahnt sich die Linie ihren Weg durch die umliegenden Gebäude. Sie erscheint als Messingstreifen auf den Holzdielen von Meridian House, verwandelt sich dann in eine Kette roter Lämpchen, die an die Notausgangsmarkierung in einem Flugzeug erinnern. Auf den Pflastersteinen des Hofs, über die der Nullmeridian hinweggleitet, sind mit Messinglettern auf eingelassenen Betonplatten die Namen und Breitengrade der großen Städte der Welt vermerkt.

Eine strategisch gut plazierte Maschine spuckt ein Souvenirticket aus, auf dem bis auf die Hundertstelsekunde genau ausgedruckt ist, wann ich über dem Nullmeridian stand. Doch das ist nur eine kleine Spielerei, für die man ein Pfund bezahlt. Die tatsächliche »Greenwich Mean Time«, nach der die Welt ihre Uhr stellt, wird weitaus genauer (bis auf Millionstelsekunden) im Meridian House von einer Atomuhr angezeigt, deren Digitalanzeige so schnell läuft, daß man sie mit dem Auge nicht mehr verfolgen kann.

Nevil Maskelyne, der fünfte Königliche Astronom,

legte den Nullmeridian hierher an diesen Ort, zehn Kilometer vom Zentrum Londons entfernt. In der Zeit, in der er auf dem Gelände der Sternwarte wohnte, von 1765 bis zu seinem Tod 1811, veröffentlichte er neunundvierzig Ausgaben des umfassenden *Nautical Almanac*. Sämtliche dort angegebenen Monddistanzen waren auf den Längengrad von Greenwich bezogen. Und so begannen Seeleute auf der ganzen Welt, die sich ab 1767 seiner Tabellen bedienten, ihre Länge nach Greenwich zu bestimmen. Zuvor hatte es ihnen genügt, ihre Position in soundsoviel Grad östlich oder westlich eines beliebigen Meridians auszudrücken. Meist wählten sie ihren Ausgangspunkt – zum Beispiel »3 Grad 27 Minuten westlich von Lizard Point« – oder ihren Zielhafen. Maskelynes Tabellen machten aber nicht nur die Methode der Monddistanzen praktikabel, sondern auch den Längengrad von Greenwich zum universalen Bezugsmeridian. Selbst die französischen Übersetzungen des *Nautical Almanac* hielten an Maskelynes auf Greenwich bezogenen Angaben fest – obwohl jede andere Tabelle in *Connaissance des Temps* sich auf den Meridian von Paris bezog.

Nachdem der Chronometer über die Mondtabellen als beste Methode der Längenbestimmung triumphiert hatte, wäre ein Abschied von dieser Reverenz an Greenwich eigentlich zu erwarten gewesen. Doch das Gegenteil war der Fall. Noch immer mußten Navigatoren von Zeit zu Zeit die Monddistanzen bestimmen, um den Stand ihrer Chronometer zu überprüfen. Wenn sie die entsprechenden Seiten des *Nautical Almanac* aufschlugen, berechneten sie natürlich ihre östliche oder westliche Länge von Greenwich, ganz gleich, woher sie kamen und wohin sie fuhren. Kartographen, die unterwegs waren, um unbekannte Territorien zu vermessen, bezogen die geographische Länge dieser Orte ebenfalls auf Greenwich.

Auf der Internationalen Meridiankonferenz, die 1884 in Washington, D.C., abgehalten wurde, kamen Vertreter von sechsundzwanzig Nationen überein, die allgemeine Praxis zum offiziellen Verfahren zu machen. Sie erklärten den Längengrad von Greenwich zum internationalen Nullmeridian. Diese Entscheidung behagte den Franzosen jedoch nicht besonders, und so orientierten sie sich noch weitere siebenundzwanzig Jahre, bis 1911, am Meridian ihres Pariser Observatoriums, das etwas über zwei Grad östlich von Greenwich lag. Doch auch danach noch zögerten sie, von der »Mittleren Zeit von Greenwich« zu sprechen. Sie verwendeten lieber die Formulierung »Mittlere Zeit von Paris, verspätet um neun Minuten, einundzwanzig Sekunden«.

Da Zeit Länge ist und Länge Zeit, ist die alte Königliche Sternwarte auch die Bewahrerin von Null Uhr Mitternacht. Der Tag beginnt in Greenwich. In den Zeitzonen der Welt gilt eine Zeit, die der Greenwich Mean Time (GMT) um eine genau festgelegte Anzahl von Stunden voraus ist oder hinterherläuft. Sogar für das Weltall gilt GMT. Astronomische Vorausberechnungen und Beobachtungen werden in GMT ausgedrückt, nur daß es in den Himmelskalendern Universal Time (UT) beziehungsweise Weltzeit (WZ) heißt.

Fünfzig Jahre, bevor die ganze Welt dazu überging, ihre Zeitsignale aus Greenwich zu beziehen, wurde Schiffen auf der Themse vor Flamsteed House ein weithin sichtbares Signal gegeben. Kapitäne konnten nach einer Signalkugel, die täglich um dreizehn Uhr fiel, ihre Chronometer ausrichten.

Auch wenn sich die moderne Schiffahrt auf Funk- und Satellitensignale verläßt, die Kugelzeremonie wird noch heute im Innenhof der Sternwarte praktiziert, wie jeden Tag seit 1833. Die Leute erwarten sie wie das Teeritual. Tatsächlich steigt eine etwas ramponierte rote Kugel bis zur Mitte des Wetterfahnenmastes hoch. Dort verharrt sie drei Minuten, zur

Warnung sozusagen. Dann klettert sie bis zur Spitze hoch und wartet noch einmal zwei Minuten. Schulgruppen und Erwachsene starren mit zurückgelegten Köpfen zu diesem Objekt hoch, das wie eine altmodische Taucherglocke aussieht. Eine Szene, die von dem glitzernden Silvesterspektakel am Times Square weit entfernt ist.

Dieses eigentümlich anachronistische Ritual hat etwas Faszinierendes. Wie schön sieht die rote Metallkugel gegen den blauen Oktoberhimmel aus, an dem ein frischer Westwind die Wolken über die beiden Türme der Sternwarte treibt. Selbst die jüngsten Kinder sind still und gespannt.

Um ein Uhr fällt die Kugel, wie ein Feuerwehrmann, der eine kurze Stange hinabgleitet. Keine Spur von Hightech oder Präzisionszeitmessern. Und doch waren es diese Kugel und andere Zeitkugeln und Zeitkanonen in unzähligen Häfen der Welt, die den Seeleuten schließlich eine Möglichkeit boten, ihre Chronometer zu stellen – ohne zu oft auf See die Mondtabellen studieren zu müssen.

In Flamsteed House, wo Harrison 1730 den Rat und die Unterstützung von Edmond Halley suchte, halten die Harrisonschen Zeitmesser hof. Die großen Schiffsuhren, H-1, H-2 und H-3, wurden, nachdem sie am

23. Mai 1766 unsanft aus Harrisons Haus entfernt worden waren, hierher nach Greenwich gebracht. Nachdem Maskelyne sie geprüft hatte, kümmerte er sich nicht weiter um sie, sondern verbannte sie für den Rest seines Lebens einfach in eine feuchte Abstellkammer – und auch nach seinem Tod mußten sie dort noch fünfundzwanzig Jahre ausharren. Als E. J. Dent, einer der Geschäftspartner von John Roger Arnold, sich im Jahre 1836 anbot, die großen Uhren gratis zu reinigen, mußte er vier Jahre in die erforderlichen Überholungsarbeiten stecken. Der schlechte Zustand der Schiffsuhren rührte teilweise daher, daß die Originalgehäuse nicht luftdicht abgeschlossen waren. Dent stellte die Uhren aber wieder in ihre Gehäuse, so wie er sie vorgefunden hatte, so daß der Verfallsprozeß von neuem einsetzen konnte.

Als Korvettenkapitän Rupert T. Gould sich 1920 für die Zeitmesser zu interessieren begann, waren sie, wie er sich später erinnerte, »allesamt verschmutzt, in mangelhaftem Zustand und korrodiert – besonders Nr. 1 sah aus, als wäre sie mit der *Royal George* untergegangen und hätte seitdem auf dem Meeresboden gelegen. Sie war vollständig mit einer bläulichgrünen Patina überzogen, selbst die Teile, die aus Holz bestanden.«

Gould, ein empfindsamer Mensch, war derart entsetzt über diese unglaubliche Vernachlässigung, daß er sich um eine Genehmigung zur Instandsetzung aller vier Uhren bemühte (der drei großen und der Taschenuhr). Er bot an, die Arbeit, die zwölf Jahre verschlang, umsonst zu leisten. Dabei war er kein gelernter Uhrmacher.

»Mir schien, daß Harrison und ich, was das anging, im selben Boot saßen«, schrieb Gould humorvoll, »und daß ich, wenn ich mit Nr. 1 anfinge, diese Maschine kaum noch weiter beschädigen könnte.« Also machte er sich sofort mit einer gewöhnlichen Bürste an die Arbeit und befreite die H-1 von fünfzig Gramm Staub und Grünspan.

Tragische Ereignisse in seinem Leben machten ihn gegen die Strapazen der freiwillig übernommenen Aufgabe unempfindlich. Verglichen mit dem psychischen Zusammenbruch, den er schon bald nach Ausbruch des Ersten Weltkriegs erlitten hatte, weshalb er nicht mehr für den Frontdienst geeignet war, und verglichen mit seiner unglücklichen Ehe und der Scheidung, die von der *Daily Mail* so detailliert beschrieben wurde, daß er sein Offizierspatent verlor – verglichen mit all dem waren die Jahre der einsamen Arbeit an den sonderbaren, veralteten Uhren ausgesprochen heilsam für Gould. Indem er sie wiederherstellte, fand er selbst zu Gesundheit und Seelenfrieden zurück.

Es erscheint nur angemessen, daß mehr als die Hälfte der Arbeitszeit – nach Goulds Angaben sieben Jahre – auf die H-3 entfiel, die auch Harrison am meisten Zeit gekostet hatte. Harrisons Probleme wurden auch die seinen.

»Nr. 3 ist nicht bloß kompliziert wie Nr. 2«, erklärte Gould 1935 auf einer Tagung der Society for Nautical Research, »sie ist abstrus. Sie enthält mehrere Vorrichtungen, die ganz einzigartig sind – Vorrichtungen, die sich kein Uhrmacher auf dieser Welt je hätte einfallen lassen, aber Harrison erfand sie, weil er seine mechanischen Probleme wie ein Ingenieur anging und nicht wie ein Uhrmacher.« Mehr als einmal stellte Gould fest, daß »Reste eines Mechanismus, den Harrison ausprobiert und dann nicht weiter verfolgt hatte, *in situ* gelassen wurden«. Er mußte diese falschen Fährten verfolgen, um die Mechanismen zu finden, die zu retten sich wirklich lohnte.

Anders als Dent, der die Maschinen nur reinigte und dort, wo etwas abgebrochen war, die Kante abfeilte, damit sie einfach schöner aussahen, wollte Gould alle Uhren wieder so herstellen, daß sie tickten und die genaue Zeit anzeigten.

Im Verlauf seiner Arbeit füllte er achtzehn Kladden mit exakten Zeichnungen in farbiger Tinte und ausführlichen Beschreibungen, die sehr viel klarer waren als alles, was Harrison je zu Papier gebracht hatte. Diese Beschreibungen hatte er für sich selbst gedacht, als Hilfe bei komplizierten, wiederholt notwendigen Handgriffen und zur Vermeidung unnötiger kostspieliger Fehler. Das Ausbauen oder Ersetzen der Hemmungen der H-3 beispielsweise dauerte normalerweise acht Stunden, und Gould war zu dieser Operation mindestens vierzigmal gezwungen.

Bei der H-4, der Taschenuhr, brauchte er drei Tage, bis er verstanden hatte, wie man die Zeiger abnahm. »Mehr als einmal glaubte ich, sie seien angelötet.«

Obwohl er die H-1 zuerst reinigte, restaurierte er sie als letzte. Das erwies sich als Vorteil, denn bei der H-1 fehlten so viele Teile, daß Gould sich erst mit den anderen Uhren vertraut machen mußte, ehe er sich hinreichend sicher fühlte, die H-1 in Angriff zu nehmen. »Es gab keine Hauptfedern, keine Federzylinder, keine Ketten, keine Hemmungen, keine Unruhfedern, keine Einstellschrauben und keinen Aufziehmechanismus. Von den vierundzwanzig reibungsfreien Rädern waren fünf verschwunden. Viele Teile der komplizierten Rostkompensation fehlten, und die meisten anderen waren defekt. Der Sekundenzeiger war weg und der Stundenzeiger zerbrochen. Was die kleinen Teile angeht – Stifte, Schrauben etc. –, so war kaum eines von zehn mehr vorhanden.« Dank der Symmetrie der H-1 indessen und seiner eigenen Hartnäckigkeit konnte er von vielen fehlenden Stücken Duplikate nach den erhaltenen Teilen anfertigen.

»Das Schlimmste war«, gestand er, »ganz zum Schluß die kleinen Stahlstifte auf die Unruh zu setzen, eine Arbeit, die ich nur so beschreiben kann, als wollte man einen Faden durch eine Nadel ziehen, die in der Rückwand eines Lastwagens steckt, dem man auf einem Fahrrad hinterherfährt. Ich beendete die Arbeit am 1. Februar 1933, gegen vier Uhr nachmittags, während stürmischer Regen gegen das Fenster meiner Mansarde prasselte – und fünf Minuten später lief Nr. 1 wieder, zum erstenmal seit dem 17. Juni 1767 – nach einer Unterbrechung von 165 Jahren.«

Dank Goulds Anstrengungen geht die Uhr, die sich im Museum der Sternwarte befindet, noch heute. Die restaurierten Zeitmesser sind ein bleibendes Denkmal für John Harrison, so wie die St. Paul's-Kathedrale für immer an Christopher Wren erinnert. Die Gebeine Harrisons sind zwar in Hampstead auf dem Friedhof der St. John's-Kirche begraben, zusammen mit denen seiner Frau, der zweiten Elizabeth, und denen seines Sohnes William, doch sein Geist und sein Herz sind hier in Greenwich.

Der Kurator des Schiffahrtsmuseums bezeichnet die Uhren ehrfurchtsvoll als »die Harrisons«, als wären sie eine Familie und keine Gegenstände. Bevor morgens die ersten Besucher kommen, zieht er sich weiße Handschuhe an, schließt die Vitrinen auf und zieht die Werke auf. Für jedes Gehäuse sind zwei unterschiedliche Schlüssel erforderlich, die, wie bei einem modernen Banksafe, nur gemeinsam das Schloß öffnen – eine Erinnerung an die Vorsichtsmaßnahmen zur Zeit ihrer Erprobungen im achtzehnten Jahrhundert.

Die H-1 verlangt einen kräftigen Zug an ihrer Messingkette. Die H-2 und die H-3 werden mit einem Schlüssel aufgezogen. Die H-4 hält Winterschlaf, reglos und unberührbar, für immer vereinigt mit der K-1 in ihrer gemeinsamen Glasvitrine.

Als ich endlich diesen Maschinen gegenüberstand – nachdem ich zahllose Darstellungen über ihre Konstruktion und die Erprobung gelesen hatte, jedes Detail ihres Inneren und Äußeren auf Fotos und Filmen gesehen hatte –, war ich zu Tränen gerührt. Stundenlang wanderte ich um die Uhren herum, bis ich auf ein kleines Mädchen aufmerksam wurde, etwa sechs

Jahre alt, mit blonden Locken und einem großen Pflaster schräg über dem linken Auge. Sie verfolgte einen sich endlos wiederholenden Zeichentrickfilm über die Funktionsweise der H-1, bald gebannt hinschauend, bald laut lachend. In ihrer Erregung konnte sie kaum die Hände von dem kleinen Bildschirm lassen, obwohl ihr Vater, als er das sah, ihre Hände wegzog. Mit seinem Einverständnis fragte ich das kleine Mädchen, was ihr an diesem Film so gut gefiel.

»Ich weiß nicht«, sagte sie, »er gefällt mir einfach.«

Mir gefiel er auch. Mir gefiel, wie sich die klickenden, miteinander verbundenen Teile in einem regelmäßigem Rhythmus bewegten, selbst wenn sich die Comicuhr auf schattig akzentuierte Wogen hinaufschwang und wieder hinunterglitt. Diese Uhr wurde nicht nur als wahre Zeit lebendig, sondern auch als Schiff auf hoher See, das Meile um Meile über die auf und ab tanzenden Zeitzonen fuhr.

John Harrison hat mit seinen Schiffsuhren die Meere der Raumzeit erkundet. Allen Widrigkeiten zum Trotz gelang es ihm, mit Hilfe der vierten Dimension – der Zeit – Punkte auf dem dreidimensionalen Globus miteinander zu verbinden. Er entriß den Sternen die Positionen dieser Welt und verschloß das Geheimnis in einer Taschenuhr.

Quellen

Da dieses Buch als allgemeinverständliche Darstellung und nicht als wissenschaftliche Studie gedacht ist, habe ich auf Fußnoten verzichtet und im laufenden Text weder die von mir befragten Historiker zitiert noch die Werke, die ich zu Rate gezogen habe. Ihnen allen bin ich zu Dank verpflichtet.

Die Referenten beim Längengradsymposion der Harvard-Universität (4.–6. November 1993), weltweit anerkannte Experten auf ihrem Gebiet, von der Horologie bis zur Wissenschaftsgeschichte, haben mit ihrem Wissen zu dem vorliegenden schmalen Band beigetragen. Alphabetisch und überhaupt an erster Stelle kommt Will Andrewes. Auch Jonathan Betts, Kurator am National Maritime Museum in Greenwich, schenkte mir großzügig seine Zeit und ließ mich an seinen Überlegungen teilhaben. Beide berieten mich und lasen das Manuskript, nicht zuletzt auf technische Korrektheit.

Besonders erwähnen möchte ich auch Owen Gingerich vom Harvard-Smithsonian Center for Astrophysics, der die in Kapitel 5 und 6 geschilderten »verrückten« Ansätze zur Längengradbestimmung sammelte. Die Einzelheiten des »Sympathie-Pulvers« entdeckte Gingerich in einem seltenen Exemplar der Flugschrift *Curious Enquiries*, das ihm von John H. Stanley (Special Collections, Brown University Library) beschafft worden war.

Weitere Referenten waren (in alphabetischer Reihenfolge): Martin Burgess von der Harrison Research Group und dem British Horological Institute; Catherine Cardinal, Kuratorin am Musée International d'Horlogerie in La Chaux-de-Fonds; Bruce Chandler von der

City University, New York; George Daniels, ehemaliger Master der Worshipful Company of Clockmakers; H. Derek Howse, Offizier der Royal Navy (a. D.); Andrew L. King, Uhrmacher in Beckenham; David S. Landes, Coolidge-Professor für Geschichte und Professor für Wirtschaft, Harvard; John H. Leopold, Archivar am Britischen Museum; Michael S. Mahoney von der Princeton University; Willem Morzer Bruyns, Abteilungsleiter am Nederlands Scheepvaartmuseum in Amsterdam; David M. Penney, Illustrator in London; Anthony G. Randall, Präzisionsuhrmacher in Sussex; Alan Neale Stimson vom National Maritime Museum, Greenwich; Norman J. W. Thrower, Professor em. für Geographie, UCLA; A. J. Turner, Schriftsteller und Historiker in Paris; sowie Albert Van Helden, Dekan des Fachbereichs Geschichte an der Rice University.

Fred Powell, Uhrenexperte in Middlebury/Vermont, schickte mir zahlreiche Zeitungsausschnitte und Berichte und wies mich auf Ausstellungen alter Navigationsinstrumente hin.

Anfangs hatte ich die verrückte Vorstellung, ich könnte dieses Buch schreiben, ohne nach England zu fahren und die Uhren mit eigenen Augen anzusehen. Außerordentlich dankbar bin ich meinem Bruder Stephen Sobel, D.D.S., der mich gedrängt hat, nach London zu fahren, um mit meinen Kindern Zoë und Isaac auf dem Nullmeridian stehen zu können, mich in der alten Königlichen Sternwarte umzusehen und mir in verschiedenen Museen Uhren anzuschauen.

Ich habe in vielen Büchern nachgeschlagen, um meine Version der Längengradgeschichte zusammenbauen zu können. Bedanken möchte ich mich bei folgenden Menschen, die mir geholfen haben, schwer zu beschaffende und vergriffene Titel zu finden: Will Andrewes und seiner Assistentin Martha Richardson, Harvard; P. J. Rogers von der Buchhandlung Roger & Turner, London/Paris; Sandra Cumming von der Royal Society, London; Eileen Doudna vom Watch and Clock Museum in Columbia/Pa.; Anne Shallcross vom Time Museum, Rockford/Ill.; Burton Van Deusen von Bay View Books, East Hampton/N. Y.; meiner Freundin Diane Ackerman und meiner Nichte Amanda Sobel.

Bibliographie

Angle, Paul M., *The American Reader*, New York 1958.

Asimov, Isaac, *Asimov's Biographical Encyclopedia of Science and Technology*, New York 1972.

Barrow, Sir John, *The Life of George Lord Anson*, London 1839.

Bedini, Silvio A., *The Pulse of Time: Galileo Galilei, the Determination of Longitude, and the Pendulum Clock*, Florenz 1991.

Betts, Jonathan, *Harrison*, London 1993.

Brown, Lloyd A., *The Story of Maps*, Boston 1949.

Dutton, Benjamin, *Navigation and Nautical Astronomy*, Annapolis 1951.

Earnshaw, Thomas, *Longitude: An Appeal to the Public*, London 1808 (Nachdr. 1986).

Espinasse, Margaret, *Robert Hooke*, London 1956.

Gould, Rupert T., *John Harrison and His Timekeepers*, London 1978.

–, *The Marine Chronometer*, London 1923 (Nachdr. 1989).

Heaps, Leo, *Log of the Centurion*, New York 1973.

Hobden, Heather/Hobden, Mervyn, *John Harrison and the Problem of Longitude*, Lincoln 1988.

Howse, Derek, *Nevil Maskelyne, The Seaman's Astronomer*, Cambridge 1989.

Landes, David S., *Revolution in Time*, Cambridge/Mass. 1983.

Laycock, William, *The Lost Science of John »Longitude« Harrison*, Kent 1976.

Macey, Samuel L. (Hg.), *Encyclopedia of Time*, New York 1994.

May, W. E., »How the Chronometer Went to Sea«, in *Antiquarian Horology*, März 1976, S. 638–663.

Mercer, Vaudrey, *John Arnold and Son, Chronometer Makers, 1762 bis 1843*, London 1972.

Miller, Russell, *The East Indiamen*, Alexandria/Va. 1980.

Morison, Samuel Eliot, *The Oxford History of the American People*, New York 1965.

Moskowitz, Saul, »The Method of Lunar Distances and Technological Advance«, Vortrag am Institute of Navigation, New York 1969.

Pack, S.W.C., *Admiral Lord Anson*, London 1960.

Quill, Humphrey, *John Harrison, the Man Who Found Longitude*, London 1966.

–, *John Harrison, Copley Medalist, and the £ 20 000 Longitude Prize*, Sussex 1976.

Randall, Anthony G., *The Technology of John Harrison's Portable Timekeepers*, Sussex 1989.

Vaughn, Denys (Hg.), *The Royal Society and the Fourth Dimension. The History of Timekeeping*, Sussex 1993.

Whittle, Eric S., *The Inventor of the Marine Chronometer, John Harrison of Foulby*, Wakefield 1984.

Williams, J. E. D., *From Sails to Satellites. The Origins and Development of Navigational Science*, Oxford 1992.

Wood, Peter H., »La Salle: Discovery of a Lost Explorer«, in *American Historical Review*, Bd. 89 (1984), S. 294–323.

Index

John L. Casti · Das Cambridge Quintett

208 Seiten · Aus dem Englischen von H. Jochen Bußmann

Können Computer denken? Bei einem guten Dinner an einem regnerischen Abend in Cambridge sprechen fünf berühmte Wissenschaftler über die Rätsel der künstlichen Intelligenz. Casti läßt den Leser an der abwechslungsreichen und kontroversen Unterhaltung teilhaben und liefert ihm dabei eine ebenso unterhaltsame wie erhellende Einführung in eines der zentralen Wissenschaftsthemen unserer Zeit.

Eric Darton · Freie Stadt

Roman · 176 Seiten · Aus dem Englischen von Monika Schmalz

Dies sind die Aufzeichnungen des brillanten Erfinders L., Bewohner einer nordeuropäischen Hansestadt des siebzehnten Jahrhunderts. In ebenso abgründiger wie komischer Sprache schildert Darton darin die Versuche L.s, seine Stadt vor der Tyrannei eines Kaufmanns zu bewahren, der ihn mit dem Bau einer bewaffneten Luftmaschine beauftragt hat.

»Dartons verführerische Fabel ist eine schillernde Parabel über die Geburt des modernen Zeitalters mit all seinen Schrecken und Versprechungen.«
Publishers Weekly